PRÉCIS PRATIQUE

DE

L'ÉLEVAGE DU PORC

RACES — ENGRAISSEMENT
PRODUITS — PORCHERIES — MALADIES

PAR

A. GOBIN

Professeur de zootechnie, de zoologie et d'agriculture

50 FIGURES

LIBRAIRIE AUDOT

LEBROC & Cie Succrs . Editeurs

8 Rue GARANCIÈRE St SULPICE

PARIS

BISSON JACQUET ET SEQUIN

PRÉCIS PRATIQUE

DE

L'ÉLEVAGE DU PORC

PARIS. TYPOGRAPHIE DE E. PLON ET Cⁱᵉ, RUE GARANCIÈRE, 8.

PRÉCIS PRATIQUE

DE

L'ÉLEVAGE DU PORC

RACES — ENGRAISSEMENT
PRODUITS — PORCHERIES — MALADIES

PAR A. GOBIN

Professeur de zootechnie, de zoologie et d'agriculture

50 FIGURES DANS LE TEXTE

PARIS

LIBRAIRIE AUDOT

LEBROC ET Cie, SUCCESSEURS

8, RUE GARANCIÈRE

—

1882

Tous droits réservés

LE PORC

CHAPITRE PREMIER.

CARACTÈRES ZOOLOGIQUES DU PORC.

Le *Porc* ou *Cochon* est classé en zoologie, par
Cuvier, parmi les Mammifères, ordre des Pachydermes, famille des Pachydermes ordinaires,
tribu des Cochons, sous-tribu des Cochons proprement dits, genre Sanglier pour les uns, genre
Cochon pour les autres. Dans la classification
d'Isidore Geoffroy Saint-Hilaire, il est le type
de la famille des Suidés, qui comprend les
genres Pécari, Babiroussa, Phacochœre et
Cochons ou Sangliers. Ce groupe, par son
importance, mériterait bien, en effet, d'être
élevé au rang d'une famille.

La plupart des naturalistes admettent plusieurs espèces de sangliers : le Sanglier d'Europe (*Sus Scrofa, Sus Aper*); le Sanglier d'Afri-

1

que ou Phacochœre (*Sus Africanus*) ; le Sanglier
d'Éthiopie (*Sus Æthiopicus*), et le Sanglier
d'Asie. Mais le Sanglier d'Afrique appartient à
un autre genre dont il est le type (*Chœropotamus
Africanus*) ; quant au Sanglier d'Asie, auquel
certains ajoutent encore le Sanglier de la Chine
(*Sus Sinensis*), ils ont l'un et l'autre disparu
depuis longtemps, sans doute.

1° Nous nous occuperons donc d'abord du
Sanglier d'Europe, et nous l'étudierons sous le
double rapport de ses caractères externes et
internes.

Il a, nous l'avons dit, la peau épaisse, dans
laquelle prennent naissance des poils plus ou
moins grossiers, plus ou moins abondants, et
nommés *soies,* et parfois en hiver un duvet
court, fin, frisé, presque laineux. En dessous de
cette peau, se trouve une couche de graisse
nommée *lard,* plus ou moins épaisse suivant le
climat et les saisons, et qui n'a d'analogue que
chez les Carnivores amphibies (Phoques, Mor-
ses, etc.) et les Cétacés. Le cou est court et
puissamment musclé. Le crâne est court et
étroit, la face étroite aussi, mais longue et terminée en avant par une sorte de prolongement
nasal, presque un rudiment de trompe, qu'on
appelle le groin. La tête, en somme, est triangulaire et lourde ; épaisse, par rapport à la
taille. Les oreilles sont placées haut, moyennement grandes, pointues, érigées. L'œil est rela-

tivement petit et à pupille arrondie. La queue, allongée et intacte, n'atteint que rarement la pointe du jarret; elle ne porte qu'un bouquet de crins à son extrémité et s'enroule d'ordinaire plus ou moins sur elle-même. Chez le mâle, les testicules occupent la partie inférieure de la région périnéenne et postérieure seulement de la région inguinale; ils sont volumineux, comparativement à la taille; les mamelles sont rudimentaires. Chez la femelle (laie, truie), les mamelles, au nombre de six à dix, sont disposées sur deux lignes parallèles, depuis la région des aines jusqu'entre les membres antérieurs, c'est-à-dire qu'il y en a d'inguinales, d'abdominales et de pectorales, comme chez la chienne. Le pied se compose de quatre doigts complets articulés, dont deux antérieurs plus développés et portant sur le sol pendant la marche, et deux postérieurs plus courts et ne touchant pas habituellement la terre; les deux premiers, ou mitoyens, sont protégés chacun par un onglon ou sabot fort, aplati en dedans; les deux derniers, ou externes, sont enveloppés d'un onglon plus mince et moins développé; le cinquième doigt, ou interne, reste rudimentaire, et est représenté, selon quelques-uns, par l'os trapèze adjoint aux carpiens dans le membre antérieur, et par un cinquième métatarsien, rudimentaire, aplati, externe, libre ou soudé, dans le membre postérieur; ce caractère général des quatre doigts à chaque pied fait ranger le porc parmi les Tétradactyles réguliers. Les formes, dans leur ensemble, sont lourdes, les membres forts et médiocrement longs. Enfin, son cri a reçu le nom de grognement.

Passons aux caractères internes, à l'ostéologie d'abord. D'après Cuvier, la colonne vertébrale du sanglier d'Europe comprendrait quatorze dorsales, cinq lombaires et quatre sacrées, c'est-à-dire qu'il avait trouvé exactement les mêmes nombres dans ce rachis que dans celui de notre porc domestique indigène. M. Sanson, en 1866, dit avoir vérifié ces nombres et trouvé chez

	LE SANGLIER	LE PORC INDIGÈNE
Vertèbres dorsales. . .	17	14
Vertèbres lombaires . .	5	6
Vertèbres sacrées . . .	4	4

Nous reviendrons, dans le chapitre suivant, sur ces différences et les conclusions qu'on en peut tirer. Revenons, pour l'instant, à nos caractères extérieurs :

Les organes digestifs d'abord : Les lèvres sont largement fendues, l'inférieure peu développée, la supérieure confondue avec le groin. Les dents sont au nombre total de quarante-quatre, savoir : douze incisives, quatre canines et vingt-huit molaires, disposées d'après la formule suivante, en y comprenant les surdents ou dents supplémentaires, accidentelles et rudimentaires :

MACHOIRES.	INCISIVES.	CANINES OU CROCHETS.	SURDENTS.	MOLAIRES.
Supérieure . . .	6	2	2	12
Inférieure . . .	6	2	2	12
TOTAL	12	4	4	24 [1]

Ensemble, quarante-quatre dents; toutes sont implantées dans des alvéoles plus ou moins profondément creusées dans les os maxillaires qui les supportent.

Les *incisives* se distinguent en pinces, mitoyennes et coins; elles sont légèrement aplaties d'avant en arrière, très-fortement incurvées en arrière et en dedans; la largeur de leur couronne est d'environ $0^m,01$. Les pinces et les mitoyennes se touchent par l'extrémité de leur couronne; les coins s'écartent des mitoyennes de plusieurs millimètres et ont leur sommet, à la mâchoire supérieure surtout, trilobé comme chez les Carnassiers; à la mâchoire inférieure, les incisives sont plus allongées, cylindroïdes, avec leur sommet taillé en biseau; leur face postérieure ou interne porte deux légers sillons parallèles. Les *canines,* crochets, ou défenses, au nombre de deux à chaque mâchoire, prennent surtout un développement parfois considé-

---

[1] C'est par erreur, sans doute, que M. Bénion donne $\frac{14}{18}$ molaires pour formule du sanglier européen. (*Traité de l'élevage et des maladies du porc,* p. 8.)

rable chez le mâle, tandis qu'ils restent en général beaucoup plus petits chez la femelle et le mâle castré. Ces canines, entièrement composées d'ivoire, sont de forme conoïde, cannelées sur la face interne de leur partie libre, plus ou moins allongées selon le sexe, la race et l'âge, et paraissent s'accroître durant toute la vie de l'animal. Les supérieures, fortement arquées en dehors et en arrière, relèvent la lèvre supérieure; les inférieures, plus développées en longueur, sont arquées en dehors, en haut et en avant, et peuvent atteindre jusqu'à $0^m,20$ de longueur. Les *surdents* ou prémolaires sont de petites molaires placées hors rang, à peu près à égale distance des coins et des premières molaires; elles ont une couronne ordinairement trilobée et deux racines. Ces surdents manquent quelquefois à la mâchoire supérieure. (ALLIBERT, *Encycl. prat. de l'agric.*, t. Ier, au mot AGE.) Les *molaires* forment, en haut et en bas, deux rangs serrés qui ont entre eux le même écartement aux deux mâchoires. Les molaires de chaque rangée sont d'autant plus grosses qu'elles sont placées plus en arrière, si bien que la dernière occupe en longueur un espace égal au quart de la longueur totale du rang, et en largeur, un espace triple de celle de la première; les rives externes des molaires d'une mâchoire sont parallèles, tandis que leurs rives internes sont convergentes en arrière. La surface de frottement des petites

molaires ou surdents est lobée, celle des grosses
molaires est tuberculeuse. (ALLIBERT, *ut supra*.)
La disposition de ce système dentaire indique
suffisamment un régime omnivore.

L'*estomac*, d'une capacité de six à dix litres,
est simple, bien que divisé, comme celui du
cheval, en deux ventricules dont le gauche est le
plus grand; le cardia, assez large et pas trop
resserré, permet assez aisément le vomissement. Le *foie*, à trois lobes, est pourvu d'une
vésicule biliaire dont le canal excréteur débouche
à deux ou trois centimètres seulement du pylore,
dans l'intestin grêle, tandis que le canal pan-
créatique (de Wirsung) s'insère dix à quinze centimètres plus loin. L'*intestin* est assez long;
Cuvier, le comparant à la longueur totale du
corps, a trouvé la proportion :: 9 : 1, chez le
sanglier. La rate est longue, presque triangulaire et en forme de langue. Le *groin* ou grouin
est un prolongement naso-labial en forme de
museau, terminé par un boutoir tronqué, propre
à fouir le sol et renfermant un os particulier
(os du groin ou du boutoir), impair, situé à
l'extrémité inférieure de la cloison cartilagineuse du nez et relié aux os sus-nasaux et
aux petits sus-maxillaires par des ligaments ten-
dineux; il est mis en mouvement par deux gros
muscles situés de chaque côté de la face; un
tissu fibro-cartilagineux recouvre cet os et se
termine en avant par une surface circulaire et

inclinée en bas, qui est recouverte d'une peau
épaisse et nue ; au bord supérieur de cette
extrémité tronquée du museau, on remarque un
bourrelet épais et calleux : tel est l'instrument à
l'aide duquel l'animal fouille plus ou moins profondément le sol pour y recueillir des racines,
tubercules, graines, etc. Ajoutons enfin que
M. Allibert a découvert chez le porc domestique
(peut-être aussi chez le sanglier) l'existence d'un
canal biflexe, analogue à celui du mouton, dans
l'espace interdigité.

1° Le sanglier d'Europe (fig. 1) est le seul
pachyderme sauvage de ce continent, où il était
autrefois très-répandu, mais où il est, à cause de
ses méfaits, menacé d'une complète et prochaine
destruction : on ne l'y trouve plus aujourd'hui
que sur quelques points. « On ne le trouve plus,
dit Brehm, dans les pays qui sont au nord de la
Baltique (55° latitude) : dans les uns, il a été
détruit ; il n'a jamais existé dans les autres. Les
tentatives d'acclimatation qui ont été faites depuis
1720 jusqu'en 1751, sous le règne de Fré-
déric Ier, n'ont amené aucun résultat. En Allemagne, sans tenir compte de ceux qui vivent
dans les parcs, on ne trouve plus de sanglier
que dans les montagnes de la Thuringe, dans la
forêt Noire et dans le Reisengebirge. Les sangliers sont plus communs en Pologne, en Galicie, en Hongrie, dans le sud de la Russie, en

Croatie, en Grèce et en Espagne. L'espèce est

Fig. 1. — Sanglier d'Europe.

très-commune dans le nord de l'Afrique, à Maroc, à Alger, à Tunis, en Égypte. » (BREHM,

Fig. 2. — Sanglier de l'Alentejo (Portugal).

la Vie des animaux illustrée : Mammifères, t. II, p. 741-742.) « Le sanglier, dit David Low, habite les régions tempérées et chaudes de l'ancien continent et les îles qui en dépendent... Fitzstephen, qui écrivait dans la dernière moitié du douzième siècle, sous le règne de Henri II, nous informe que des sangliers abondaient, ainsi que des loups, des taureaux sauvages et d'autre gibier, dans les forêts aux environs de Londres, et les écrivains écossais mentionnent aussi leur existence dans les bois de la Calédonie. La période précise de leur disparition de la Grande-Bretagne n'a pas été déterminée. » (*Hist. natur. agric. des animaux domestiques de l'Europe.* xi° livraison, p. 16-18.)

En Italie, il semble que dès la fin du deuxième siècle avant Jésus-Christ, les sangliers étaient devenus très-rares, car Pline nous apprend que « Fulvius Lupinus est le premier Romain qui ait imaginé les parcs pour les sangliers et les autres habitants des forêts. Il forma des troupeaux d'animaux sauvages dans les environs de Tarquinies. Lucullus et Hortensius ne tardèrent pas à l'imiter. » (*Hist. natur. des animaux.* Liv. VIII, chap. LXXVIII.)

En Gaule comme en Germanie, les sangliers furent extrêmement nombreux jusqu'au siècle dernier ; depuis lors, le défrichement des forêts en diminue successivement le nombre, à la grande joie des cultivateurs, dont ils ravagent souvent les cultures.

Le sanglier d'Europe, comparé à notre porc

domestique, en diffère par plusieurs caractères externes : il a la tête plus allongée, le chanfrein plus droit; les membres plus forts et générale- ment plus longs; les défenses ou canines plus grosses, plus tranchantes, plus développées; les oreilles relativement courtes, plus petites, un peu arrondies, dressées et plus mobiles; les soies, plus grosses, plus abondantes, implantées plus profondément dans la peau, sont entre- mêlées, sur diverses parties du corps, en hiver, d'une sorte de duvet ou laine jaunâtre, grise ou tirant sur le noir; la peau et les soies de l'adulte sont, en général, d'un brun noirâtre qui devient, chez les vieux mâles, souvent noir et luisant. Les jeunes, nommés *marcassins,* jusqu'à l'âge de six mois, portent la *livrée,* pelage spécial rayé de bandes longitudinales, alternativement d'un fauve clair et d'un fauve brun, sur un fond mêlé de blanc, de fauve et de brun; à la seconde année seulement, ils prennent la robe uniforme des adultes. Cette particularité du pelage des marcassins se retrouve dans l'une des races de porcs domestiques que l'on croit issue du san- glier d'Asie, la race Siamoise, tandis qu'elle fait défaut dans une autre toute voisine et évidem- ment issue du même type, la race Cochinchi- noise. D'après Desmarets, les gorets turcs, et d'après Richardon, les gorets westphaliens, quelle que soit la nuance des adultes, portent aussi la livrée. D'après M. Raulin, les porcs

européens transportés et devenus sauvages ou
demi-sauvages à la Jamaïque, à la Nouvelle-
Grenade, au Zambèze, aussi bien les noirs que
ceux qui sont noirs avec une bande blanche sous
le ventre, portent, étant jeunes, la livrée de
lignes fauves, comme les marcassins.

Les jeunes sangliers portent, de leur naissance à l'âge de six mois, le nom de *marcassins;*
de six mois à un an, ils reçoivent celui de *bêtes
rousses;* de un à deux ans, ils deviennent *bêtes
de compagnie;* de deux à trois ans, ce sont des
ragots; de trois à quatre, des *tiers-ans;* de quatre
à cinq, des *quarteniers;* de cinq à neuf ans, on
les appelle *vieux sangliers;* enfin, passé cet âge,
on les dénomme des *solitaires.* Quant à la femelle
adulte, elle reçoit le nom de *laie.*

Les sangliers commencent à se reproduire
dans leur seconde année; ils sont monogames;
ils entrent en rut ou en chaleur en janvier ou
février; les mâles se livrent de rudes combats
pour se disputer la femelle qu'ils recherchent.
Celle-ci porte, comme la truie, pendant quatre
mois, et met bas de trois à dix petits, qu'elle
allaite durant trois ou quatre mois. Les marcassins suivent d'ordinaire la laie jusqu'à ce qu'ils
aient atteint l'âge de six ou sept mois, c'est-à-
dire jusqu'au milieu de l'hiver. Quelquefois
pourtant, ils restent avec elle pendant deux ou
trois ans. A l'époque ordinaire de la dispersion,
plusieurs familles se réunissent en groupes com-

posés de laies, de marcassins et de jeunes mâles de moins de trois ans.

Les sangliers ne sont devenus adultes que vers cinq ou six ans. Les mâles se séparent alors de la troupe, se préparent, dans un fourré épineux et retiré, un gîte qu'on nomme *bauge,* et adoptent un ruisseau ou une mare, sur les bords desquels ils vont se vautrer chaque jour, en été surtout : c'est leur *souil.*

Ce n'est guère que le soir que les adultes se mettent en quête de leur nourriture ; elle se compose de glands, châtaignes, faînes, recueillis dans la forêt, de tubercules ou racines dérobés aux cultures de la plaine, de vers, de larves, d'insectes trouvés un peu partout. Le groin est le principal instrument de préhension ; habiles à fouir le sol, avec son aide, ils y procèdent en ligne droite, et ont tôt bouleversé les sillons de nos cultures, déracinant carottes et betteraves, navets et pommes de terre. Poussés par la faim, ils deviennent carnivores et vont souvent atteindre et dévorer les lapereaux dans leur terrier, comme ils n'épargnent pas, au ras du sol, levrauts et perdreaux. De temps en temps, ils émigrent d'un pays à un autre pour y trouver une nourriture plus abondante.

Ce grossier habitant des bois est farouche, violent, vigoureux, hardi et assez intelligent. Sa grande force et ses puissantes défenses le rendent redoutable aux chasseurs et aux chiens. Il ne

crie presque jamais et ne traduit sa frayeur ou
sa surprise que par un bruyant soufflement.
Lorsqu'il est attaqué, il ne sort de sa bauge qu'à
la dernière extrémité ; il fuit devant les chiens,
mais lentement, se retourne contre ceux qui le
suivent de trop près, et souvent les découd ;
après une course plus ou moins longue et rapide
à travers champs ou sous bois, le sanglier qui
sent la fatigue et que les chiens harcèlent rentre
dans un fourré, s'y accule à un rocher ou à un
épais buisson, et là fait tête aux chiens, qu'il
éventre et lance en l'air dès qu'ils s'approchent
trop ; il faut un coup de poignard ou une balle
bien placée pour mettre fin au carnage. Est-il
blessé pendant sa fuite, il s'arrête un instant,
puis renverse tout pour arriver jusqu'au chasseur qu'il croit devoir accuser du méfait. Cette
chasse est donc une véritable lutte qui n'est pas
sans dangers et réclame du courage, de l'énergie,
du sang-froid et surtout du coup d'œil. Les solitaires atteignent parfois jusqu'à 200 kilogr. de
poids vif (témoin celui de la forêt d'Ourscamp,
près de Compiègne), et renversent facilement
cheval et cavalier.

Les dégâts causés par le sanglier dans nos
cultures, aux alentours des grandes forêts, nous
semblent suffisamment justifier, à tous autres
yeux que ceux d'un aristocratique chasseur,
l'impitoyable guerre qu'on lui fait dans tous les
pays civilisés de l'Europe, où sa disparition com-

plète serait saluée de cris de joie. Les Anglais
en ont débarrassé leurs forêts depuis le trei-
zième siècle, comme ils les ont purgées de loups
depuis 1710 : chez eux, on ne voit plus de
sangliers que dans les parcs enclos, et de loups
que dans les ménageries. N'est-ce point suffisant?

2° Le *Sanglier d'Asie,* que Pallas d'abord,
puis Von Nathusius, ont appelé improprement
Sus Indicus, nous est inconnu à l'état sauvage, et
ne se manifeste à nous que sous la forme de la
race chinoise, qui en serait, d'après la plupart
des naturalistes, la descendance domestique; les
races que l'on en croit sorties habiteraient non-
seulement l'Hindoustan, mais encore l'Indo-
Chine et la Chine. Et ces races domestiques, qui
ont servi à l'amélioration d'un si grand nombre
de nos races européennes, diffèrent bien plus
encore du type sauvage qui leur aurait donné
naissance que de nos races indigènes. Les races
Chinoise et analogues sont, à coup sûr, le produit d'une domestication très-ancienne et d'une
zootechnie fort habile. On ne peut s'imaginer le
type primitif et sauvage sans supposer des modifications identiques avec celles que nous constat-
tons entre nos races domestiques européennes et
notre sanglier. Pour reconstruire le sanglier
d'Asie avec un cochon chinois, il faudrait, à
coup sûr, allonger les jambes et les grossir,

allonger le cou et la tête, afin que l'animal
devînt capable de marcher pour chercher sa
nourriture, de courir pour échapper à ses ennemis, pour qu'il pût vivre enfin ; or, il est de
toute impossibilité que le sanglier d'Asie ait pu
fouir le sol des forêts avec ce cou si court, ce
chanfrein si bref et si camus, ce groin si fin ;
qu'il ait pu courir avec ces membres si courts
et si minces ; il est donc difficile de le reconstruire, surtout pour les partisans de l'invariabilité de l'espèce. Et le savant M. de Nathusius lui-
même ne nous édifie pas suffisamment à l'endroit
du *Sus Indicus,* lorsque, le comparant au *Sus
Scrofa,* il trouve que le premier diffère du second
« par sa plus grande largeur et par quelques
détails dans sa dentition (?), et principalement
par la brièveté des os lacrymaux, la largeur plus
grande de la partie antérieure des os palatins,
enfin la divergence des dents molaires anté-
rieures ». (Darwin, *De la variation,* t. Ier, p. 71.)
Prendre la race Chinoise actuelle comme spéci-
men de son type primitif, comparer le crâne de
cette race domestiquée dès la plus haute antiquité avec le crâne de notre sanglier sauvage,
c'est simplement poursuivre un siége fait, une
thèse préconçue, mais ce n'est dire ni prouver grand'chose. On rencontrerait bien des
différences au moins équivalentes dans le crâne
d'un chien dogue et celui d'un lévrier. Brehm
décrit dans les termes suivants le sanglier de

l'Inde (*Sus Cristatus*), qui ne paraît pas être le type que nous cherchons ici : « Il est plus petit que notre cochon domestique. Il a le corps couvert de soies éparses, le ventre et un grand espace derrière les oreilles nus. Les poils de la partie postérieure des joues forment une sorte de barbe; ceux du front et de la nuque simulent une espèce de crinière. La plupart des soies sont noires avec la pointe d'un brun jaunâtre, ce qui produit une robe d'un brun jaune clair, tachetée de noir. Les pieds et le museau sont d'un brun clair; le ventre est d'un blanc sale. » (*La Vie des animaux illustrée : Mammifères*, t. II, p. 746.) Il en est de même du suivant, le sanglier du Japon (*Sus Leucomastix*), que le même naturaliste décrit ainsi : « Le sanglier du Japon, qu'on nomme aussi sanglier à barbe blanche, est très-voisin (?) du sanglier ordinaire, dont il diffère par la taille plus que par le poil et la couleur. Il a le tronc court, la tête allongée, les oreilles petites, fortement poilues. Il est brun foncé avec le ventre blanc. Une raie claire part de l'angle de la bouche, et va le long des joues. C'est probablement l'espèce souche de la petite race domestique que l'on connaît sous le nom de porc ou cochon chinois. » (*Ut supra*, p. 746.) Cependant Brehm ajoute que le *Sus Leucomastix* vit encore à l'état sauvage dans les forêts du Japon, et que son aire d'habitat paraît avoir été simultanément ce pays et la Chine. Resterait à savoir si c'est un type primitif ou des porcs domestiques revenus à l'état sauvage.

3° Le *Sanglier à masque* (fig. 3) (*Sus Larvatus* de Cuvier. — *Sus Pliciceps* de Gray) nous semble avoir été nommé à tort par Gray et par Darwin porc du Japon. « Il s'éloigne assez peu, d'après M. P. Gervais, de l'espèce européenne par son apparence extérieure; mais il porte sur la face, auprès des canines supérieures, un gros tubercule nu et verruqueux; ses canines ou défenses ont aussi une forme un peu différente, et sa dernière paire de molaires, supérieures et inférieures, est plus courte. On le dit de la côte orientale d'Afrique et de Madagascar, mais il est douteux qu'il vive dans cette île. Les sangliers à masque qu'on y signale, si réellement ils y existent, ne sont très-probablement que des individus africains que les relations commerciales auront transportés dans la grande île à laquelle on les a attribués à tort. » (Brehm, *ut supra*, p. 747.) « Le porc masqué, dit Darwin, offre, par sa tête très-courte, son front et son groin très-larges, ses grandes oreilles charnues et les profonds sillons de sa peau, un aspect très-extraordinaire. Non-seulement la face est profondément sillonnée, mais d'épais replis d'une peau plus dure que celle des autres parties du corps pendent autour des épaules et de la croupe, comme les plaques du rhinocéros indien. Il est

noir avec les pieds blancs, et reproduit fidèle-
ment son type. Il n'y a aucun doute que sa
domestication ne soit fort ancienne. On aurait
pu l'inférer du fait que les jeunes ne sont pas
longitudinalement rayés, caractère qui est commun à toutes les espèces du genre *Sus* et genres
voisins, à l'état sauvage. Le docteur Gray a

Fig. 3. — Sanglier masqué.

décrit le crâne de cet animal, qu'il regarde
non-seulement comme une espèce distincte,
mais qu'il place même dans une section spéciale
du genre. Néanmoins, après une étude très-
approfondie du groupe entier, Nathusius a constaté d'une manière positive que, par tous les
caractères essentiels, son crâne ressemble tout
à fait à celui de la race Chinoise à courtes oreilles
du type *Sus Indicus*, et considère le porc masqué

comme n'étant qu'une variété domestique de ce dernier. S'il en est réellement ainsi, il y a là un exemple remarquable de l'étendue des changements que la domestication peut effectuer. » (DARWIN, *De la variation,* t. Ier, p. 73-74.)

De son côté, David Low considère le cochon des bois, ou sanglier masqué d'Afrique (*Sus Larvatus*), comme originaire de Madagascar et du midi de l'Afrique. « Il a, dit-il, la tête plus grande, le cou plus court que les cochons ordinaires, et porte une excroissance de chair de chaque côté de la face, au-dessous des yeux, qui lui donne un aspect sauvage et hideux. Il a la faculté de pouvoir fouiller, et il se loge dans les trous qu'il a creusés. Il est féroce, agile, et court très-vite ; il n'attaque pas le premier ses ennemis ; mais lorsqu'il est tourmenté dans sa caverne solitaire, il se jette sur les assaillants avec une indomptable fureur, leur brise les membres l'un après l'autre en un instant, et les met en pièces avec ses formidables défenses. Les indigènes assurent qu'ils aiment mieux attaquer un lion qu'un sanglier masqué. » (*Hist. natur. agric. des animaux domestiques de l'Europe,* livraison XI, p. 3.)

Enfin l'auteur de l'article COCHON du *Dictionnaire français illustré* de DUPINEY DE VOREPIERRE complète ces détails en disant : « Il doit son nom à la présence, de chaque côté du museau et près de la défense, d'un gros tubercule charnu et velu, presque semblable à une mamelle de femme; ces tubercules sont soutenus par une proéminence osseuse, et ils s'unissent l'un à l'autre, le long de la ligne médiane du museau, de manière à figurer une sorte de masque dans lequel l'animal aurait la moitié de la tête enfoncée; aussi a-t-il un aspect véritablement hideux. Il est de la taille du sanglier commun, mais il a le garrot plus élevé et le train de derrière plus bas, ce qui lui donne quelque analogie avec la hyène. Il se trouve dans l'Afrique australe et à Madagascar. »

4° Le *Bène* ou *Sanglier des Papous* (*Sus Papuensis*), indigène de la Nouvelle-Guinée ou Papouasie (groupe de deux grandes îles de l'Océanie, dans la Malaisie, au nord de l'Australie, et qui n'est un peu connu que depuis les deux voyages de Dumont d'Urville, 1827-1838), est de petite taille. « Il a un mètre à peine de long, et de cinquante à cinquante-quatre centimètres de haut; ses jambes sont basses, ses oreilles rugueuses en arrière, ses joues et son ventre presque nus; sa peau est couverte de poils fins et peu touffus; il a le museau noir, le dos noir et roux, les membres d'un brun foncé, les joues, la gorge et le ventre blancs, les yeux entourés d'un cercle noir. Les jeunes sont d'un brun foncé avec deux à cinq raies longitudinales d'un brun clair. Le mâle n'a point de boutoir. »

(BREHM, *ut supra,* p. 746.) David Low, de son
côté, nous fournit les renseignements suivants :
« Dans les forêts de la grande et fertile contrée
des Papous, ou Nouvelle-Guinée, on a trouvé une
race de petits cochons qui a été classée comme
espèce distincte, sous le nom de *Sus Papuensis;*
ces animaux sont sans défenses et sans queue,
de couleur brune, et ont, pendant leur jeunesse,
cinq raies d'un jaune éclatant qui s'étendent le
long du dos. Ces animaux sont pris dans les bois
par les habitants du pays, lorsqu'ils sont encore
jeunes, pour être élevés en captivité. Quand les
Européens découvrirent (1511) les jolies îles de
la mer du Sud, on y trouva en grand nombre
une espèce de cochon, le seul grand quadrupède
que les simples habitants connaissaient, et qui
leur procurait principalement leur nourriture
animale. Les naturels avaient pour lui une
espèce de vénération, et l'offraient à leurs divi-
nités comme le sacrifice le plus agréable. Ils ne
purent donner aucun indice sur l'époque de son
introduction parmi eux, mais ils le regardaient
comme aussi ancien qu'eux-mêmes. Ils le nourrissaient avec le fruit de l'arbre à pain dans son
état naturel ou réduit en une espèce de pâte,
avec des ignames et. autres plantes farineuses
que leurs îles produisaient. Sa chair est déli-
cieuse, au dire de nos premiers voyageurs; sa
graisse a la saveur et le parfum aussi délicat que
le beurre le plus fin. Quelques personnes ont

pensé que ces animaux pouvaient appartenir à la race Siamoise, si généralement répandue, ou provenir du *Sus Papuensis,* ou enfin de quelque autre espèce propre aux îles des mers orientales qui ne serait pas encore décrite. » (*Ut supra,* p. 2-3.) Enfin, complétons cette description en ajoutant avec d'autres naturalistes que le Bêne a les soies hérissées sur le dos, les canines supérieures très-petites et de même forme que les incisives, qu'il habite les marécages et les forêts du littoral. Peut-être, enfin, faut-il rapprocher du *Sus Papuensis* le *Sus Vitatus* de Java.

B. *Sous-genre Chéropotame.* 5. — « Le *Sanglier d'Afrique ou des buissons* (*Chœpotamus Africanus*) est recouvert de poils à peu près égaux; ceux de la nuque forment une crinière couchée; ceux des joues, une barbe assez forte. Le corps est gris brun tirant sur le roux; la face est d'un gris fauve; la barbe et la crinière sont gris blanchâtre; un cercle noir entoure les yeux, et une raie noire marque les joues; les oreilles et les pattes sont d'un brun noir foncé. Quelques naturalistes ne veulent voir dans cette espèce qu'une variété du *Chœropotamus pénicillatus;* mais, depuis qu'on a pu observer vivants, à côté l'un de l'autre, ces deux animaux, dans les jardins zoologiques d'Angleterre, cette opinion n'est plus soutenable. Les deux espèces, peu connues, habi-

tent le sud et l'ouest de l'Afrique. » (*Ut supra,*
p. 746.)

6. — « Le *Sanglier à oreilles en pinceau* (*Chœropotamus penicillatus*) est un bel animal, un
peu plus petit que le sanglier; il a le dos couvert
de poils fins et égaux; ceux des flancs et du
ventre sont plus longs et un peu crépus; la face
et les membres sont presque nus; cependant,
une belle barbe pend des deux côtés des joues,
et un pinceau de poils orne les oreilles et le
bout de la queue. Le dos est jaune roux foncé;
la face, les membres et la queue sont gris noir
foncé; le sacrum porte une raie blanche; les
pinceaux des oreilles sont blancs, et un cercle
jaunâtre entoure les yeux. » (BREHM, *ut supra,*
p. 746.)

Écoutons maintenant un spirituel chasseur,
M. Toussenel : « En Algérie, avant 1830, le
préjugé religieux a longtemps protégé le sanglier; l'indigène ne le chassait jamais que pour
faire curée à ses chiens. Mais depuis l'avéne-
ment de la cuisine française en Afrique, et
depuis que le sanglier peut se vendre, les
choses ont changé de face; l'Arabe a déclaré au
sanglier une guerre d'extermination... J'ai été
assez heureux, cependant, pour voir l'Algérie
en ses jours de splendeur, alors que le fléau de
la guerre sévissait sur la Mitidja dévastée, et que
les ordres des chefs retenaient dans les camps

nos garnisons captives... A l'époque dont je parle, le sanglier d'Algérie, débarrassé du voisinage des tribus indigènes, s'épanouissait avec luxe par toutes les demeures de la plaine. Pas un buisson un peu épais, de vignes ou de luzernes sauvages, qui n'en recélât dans ses flancs quelque puissante famille. Les corridors que les sangliers pratiquent dans ces fourrés, impénétrables pour le chien et pour l'homme, nous disaient à l'avance quand la place était habitée... Le plus difficile, en Algérie, n'était pas de détourner la bête, mais de la débusquer... Quand on met le feu à un buisson dans lequel on suppose quelque mauvaise bête, hyène, chacal ou chat-tigre, il est rare que l'animal se décide à partir avant d'avoir subi quelque avarie dans sa fourrure. J'ai vu fréquemment le sanglier affecter le même stoïcisme... Je plains de tout mon cœur les pauvres veneurs de France qui n'ont pas chassé le sanglier à l'allumette chimique!... Le sanglier d'Algérie, moins fort quoique aussi bien armé que celui de France, a le caractère infiniment plus doux. Mais cette douceur ne va pas jusqu'à la débonnaireté. Les défenses du sanglier d'Afrique décousent les hommes et les chiens comme celles des sangliers de France. » (*L'Esprit des bêtes,* t. Ier, p. 367-370.)

Le Chéropotame (*à oreilles en pinceau*) est fort rapproché surtout du sanglier à masque

(*S. Larvatus*). Il habite l'Afrique australe. Il a
les oreilles longues, très-pointues et terminées
par de grands poils noirs; la peau est recouverte de grandes soies d'un gris brun sur le dos
et brunes sur les flancs. De chaque côté de la
face, sous les yeux, on remarque une protubérance cartilagineuse presque analogue à celle
du Phacochère, et deux autres protubérances
osseuses sur la mâchoire supérieure, au-dessus
du groin.

C. — Le *genre Phacochère* se distingue essentiellement du genre Sanglier par la structure de
ses molaires, qui sont composées de cylindres
unis par de la matière corticale et qui se pous-
sent d'avant en arrière comme chez les élé-
phants; par ses formes extérieures, qui sont plus
lourdes et plus trapues; par son crâne très-
large et son groin très-élargi; par ses yeux
placés très-près des oreilles et tellement disposés que l'animal ne peut voir de face; par
ses défenses arrondies, dirigées de côté et en
haut, très-grosses et très-longues. Son nom lui
vient d'un gros lobe charnu, tubercule ou verrue, qui pend de chacune des joues, rend sa
figure hideuse et l'a fait vulgairement appeler
cochon à verrue. Son pelage ne se compose que
de soies dures et rares, implantées dans une
peau épaisse et rugueuse. Gais et doux pendant
la jeunesse, ces animaux deviennent indompta-

bles et féroces dès qu'ils ont atteint l'âge adulte.
Ils se nourrissent essentiellement de matières
végétales, et ils fouissent pour trouver des bulbes
et racines. Le genre renferme deux espèces bien
distinctes, toutes deux indigènes de l'Afrique,
toutes deux de la taille à peu près du sanglier,

Fig. 4. — Phacochère.

c'est-à-dire de 1^m,15 de hauteur au garrot environ, et de 2 mètres de longueur, dont 0^m,50
pour la queue. Ce sont : 7° le *Phacochère
d'Éthiopie* (fig. 4) (*Phacochœrus Æthiopicus*), qui
habite le sud-ouest de l'Afrique, depuis le cap
de Bonne-Espérance jusqu'au golfe de Guinée.
« Le coureur rapide, comme l'appellent les
colons du Cap, est le plus laid des Suidés. Il a

le corps gros, le cou court, le dos large, les pieds forts, la tête lourde, le museau large et aplati, le groin épais, les narines très-écartées, la lèvre supérieure épaisse et saillante, les yeux petits, placés très-haut et en arrière, les oreilles courtes, à poils nombreux, la peau épaisse et rugueuse, à soies rares; une crinière commençant entre les oreilles se continue le long du dos. L'animal est brun, la tête et le dos sont plus foncés, les oreilles sont blanches, la crinière est d'un brun foncé. La dentition est particulière : les incisives manquent complétement; les canines supérieures sont très-grandes; elles sont obtuses et présentent des sillons longitudinaux en avant et en arrière; elles ont 0^m,14 de diamètre à la racine et 0^m,25 de longueur; elles ressemblent plus aux défenses de l'éléphant qu'au boutoir du sanglier. » (BREHM, *ut supra*, p. 747.) L'auteur, déjà cité, de l'article COCHON dans le *Dictionnaire* de DUPINEY DE VOREPIERRE, complète et rectifie ces détails en ajoutant : « Il a les yeux garnis en dessous de lambeaux charnus; les épaules et le cou sont pourvus d'une crinière longue et épaisse, formée de poils gris et brun obscur; la tête est noirâtre, et le reste du corps d'un gris roux. Il ne se trouve pas en Éthiopie, comme on pourrait le croire, mais au cap de Bonne-Espérance. » « Chez le *Phacochœrus Æthiopicus* les crocs de la mâchoire supérieure du mâle se recourbent de bas en haut quand il est dans la force de l'âge, et ces crocs, très-pointus, constituent des armes offensives formidables. Les crocs de la mâchoire inférieure sont plus tranchants que les premiers ;.... ils doivent surtout fortifier beaucoup ceux de la mâchoire supérieure, car ils sont disposés de manière à s'appliquer exactement contre leur base... De chaque côté de la face, on trouve sous les yeux un bourrelet rigide, quoique flexible, cartilagineux et oblong, faisant une saillie de deux à trois pouces. » (DARWIN, *Descendance de l'homme*, t. II, p. 288.) 8° Le *Phacochère d'Afrique*, appelé aussi Sanglier du cap Vert, Phacochère à incisives (*Phacochœrus Africanus*), « a environ 1^m,35 de longueur depuis le bout du museau jusqu'à la naissance de la queue ; sa hauteur entre les épaules est de 0^m,90 ; sa queue a de 0^m,15 à 0^m,16 de long. Son corps est couvert de soies noirâtres, longues et fines, surtout aux épaules, au ventre et aux cuisses. Cet animal est pourvu de deux incisives, à la mâchoire supérieure, et de six à l'inférieure ; le nombre total de ses dents est de vingt-quatre. Cette espèce a été trouvée aux îles du Cap-Vert (Sénégambie). » (*Dictionn. franç. illustré* de DUPINEY DE VOREPIERRE.)

D. — Le *genre Babiroussa* ou Cochon-Cerf (*Babyrussa Indicus*) « est remarquable par ses formes trapues et son museau allongé ; cepen-

dant, il a les jambes plus longues que les
autres espèces du genre porc. Sa peau dure,
épaisse, de couleur en général brun sale, est
parsemée de poils assez rares, très-courts, qui
sortent de petits tubercules. Ces tubercules, et
les plis qu'elle forme en quelques endroits, lui

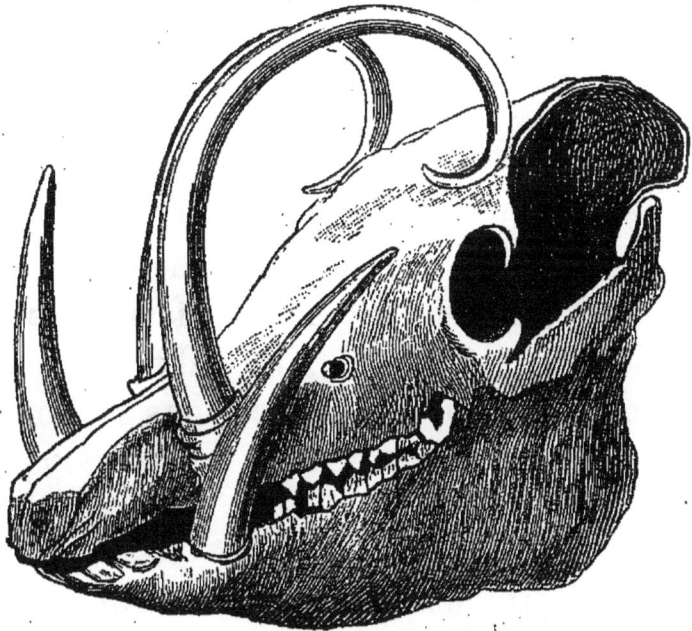

Fig. 5. — Tête osseuse de Babiroussa.

donnent une certaine ressemblance avec la peau
du rhinocéros. Sa queue grêle est munie d'un
bouquet de poils à son extrémité. Mais ce qui
distingue surtout cet animal de ses congénères,
c'est son système dentaire : ses canines supérieures et inférieures sont remarquables par leur
longueur; celles-ci remontent verticalement en
soulevant un peu la lèvre supérieure; celles-là

percent la peau du museau et se recourbent en arrière, au point de s'enfoncer quelquefois dans les chairs du front. Chez la femelle, elles sont plus courtes et ne font que percer la peau. Le Babiroussa habite exclusivement les îles de l'archipel Indien, où il vit dans les forêts, seul avec sa femelle. Il se nourrit d'herbes et de feuilles. Il s'élève assez aisément en captivité et devient alors omnivore comme le porc. » (*Dictionn.* Dupiney de Vorepierre, au mot *Babiroussa.*) Ajoutons qu'il a les pieds déjetés en dehors; la queue petite et tombant droit; les oreilles petites; que ses défenses sont d'un très-bel ivoire, plus net, plus fin, mais moins dur que celui de l'éléphant; qu'enfin, il paraît être l'animal décrit par Pline, sous le nom du sanglier de l'Inde. (*Hist. nat. des animaux,* liv. VIII, chap. LXXVIII, § 52.)

E. — Du *genre Pécari* (*Dicotyle*). Il nous suffira de dire qu'il est caractérisé par ses canines, qui ne sortent pas de la bouche; par l'absence de doigt externe au pied de derrière, qui ne se compose par conséquent que de trois doigts, tandis que celui de devant en a quatre; par une queue tout à fait rudimentaire; par la présence, sur la région des lombes, d'une glande particulière qui sécrète une matière odorante; par son système dentaire, qui se compose de trente-huit dents seulement, savoir : deux paires d'incisives supérieures et trois inférieures, une paire de canines et six paires de molaires à chaque mâchoire. Les Pécaris sont propres à l'Amérique méridionale, où ils vivent en troupes dans les forêts; lorsqu'ils sont jeunes, leur chair est très-bonne. On en connaît deux espèces : le Pécari à collier ou Patira (*Dicotyle Torquatus*) et le Pécari Tajassou (*D. Labiatus*); toutes deux s'apprivoisent aisément et se reproduisent facilement en captivité.

En résumé, nous voyons que la famille des Suidés ou Suilliens comprend quatre genres :

1º Genre cochon proprement dit : { sous-genre sanglier et cochon domestique ; sous-genre Chéropotame.

2º Genre Phacochère.
3º Genre Babiroussa.
4º Genre Pécari.

C'est dans le premier de ces genres seulement que nous pouvons chercher la souche de nos races de porcs domestiques, à en juger par les différences zoologiques que nous offrent les autres genres, pour si peu et si mal qu'ils aient été étudiés jusqu'ici. Les voyageurs naturalistes, en effet, s'occupent de zoologie, de botanique, de géologie ou de minéralogie; les jardins d'acclimatation s'intéressent bien plus à satisfaire la curiosité du public qu'à faire progresser la science. Il n'est encore venu à l'idée de personne, pas même des Anglais, d'expédier autour

du monde une mission de zootechnistes compé-
tents pour étudier les diverses espèces formant
les genres auxquels sont empruntés nos animaux domestiques, au double point de vue de
leurs caractères internes et extérieurs, de leurs
mœurs, de leurs produits ; il n'est venu à l'idée
d'aucun jardin d'acclimatation de réunir la col-
lection de ces espèces ou de ces prétendues
espèces, pour les croiser ou les hybrider l'une
avec l'autre. Ces deux entreprises pourtant n'in-
téresseraient pas moins la pratique, l'industrie,
que la science pure.

CHAPITRE II.

ORIGINE DE NOS RACES DE PORCS DOMESTIQUES.

Nous venons de dire que c'est dans le genre cochon proprement dit que nous devons renfermer nos recherches au sujet de l'origine de nos races domestiques. Ce genre, nous l'avons vu, se subdivise en deux sous-genres : sanglier et cochon domestique, et Chéropotame.

Sous-genre sanglier. — Dans ce sous-genre, nous nous trouvons en présence de quatre espèces : le sanglier d'Europe (*Sus Scrofa, Sus Aper*); le sanglier d'Asie ou de l'Inde (*Sus Indicus*) dont le représentant actuel le plus rapproché paraît être le *Sus Leucomastix* ou le *Sus Cristatus*, le Sanglier à masque (*Sus Larvatus, Sus Pliciceps*) de l'Afrique orientale; enfin le Bène ou sanglier des Papous (*Sus Papuensis*), de l'Océanie.

Le *sous-genre Chéropotame* nous fournit deux espèces, originaires, l'une du sud, et l'autre de l'ouest de l'Afrique (*Chœropotamus Africanus,*

Penicillatus). Nos races domestiques ne paraissent pas leur rien avoir emprunté.

Ce serait donc au seul sous-genre Sanglier proprement dit que nous aurions à nous adresser. Resterait à prouver que les espèces qui le composent possèdent bien tous les caractères de l'espèce zoologique telle qu'on l'a définie jusqu'ici, la fécondité limitée et l'invariabilité.

Il n'est venu à personne l'idée de contester que notre sanglier d'Europe ne soit fécond et indéfiniment fécond avec nos diverses races de porcs domestiques, à quelque type qu'ils appartiennent, et de même du type asiatique qui a fourni tant d'améliorateurs aux races européennes. Nous ne voyons pas de raison de croire à l'infécondité ou à la fécondité limitée des *Sus Scrofa, Indicus, Larvatus* ou *Papuensis* alliés entre eux, bien qu'il soit désirable d'en obtenir la confirmation scientifique. Tout récemment (1867), on annonçait la fécondité du *Sus Larvatus* avec des verrats des races anglaises de Windsor, de Suffolk et de Berkshire. Sir Eyton a depuis longtemps aussi, avancé la fécondité du sanglier du Japon (*Sus Pliciceps* ou *Sus Leucomastix*) ou sanglier à barbe blanche, avec le porc domestique [1].

[1] En 1867, une truie à masque (*Sus Larvatus*) âgée de quatre mois, au Jardin zoologique de Cologne, fut mariée à un de ses frères, et donna cinq gorrets; en 1868, mariée à un verrat de la race de Windsor, elle en eut onze gorrets tout blancs;

Il y a plus, d'après Sparman, cité par Brehm, le Phacochère d'Afrique (*Phacochœrus Africanus*) s'accouplerait avec les cochons domestiques, et les hybrides de ces unions seraient féconds. (BREHM, *ut supra*, p. 759.) Il est vrai qu'en 1866 le général Faidherbe fit cadeau au Jardin d'acclimatation de Paris de trois Phacochères d'Afrique, qu'il avait ramenés du Sénégal, et qui sont morts sans qu'on ait tenté ces études pourtant fort utiles.

On ne conteste pas que la domestication ne puisse faire d'un sanglier quelconque un porc domestique, et il faut bien admettre forcément que tout notre bétail, de quelque espèce que ce soit, descend originairement d'un type sauvage qui a la plupart du temps disparu depuis si longtemps qu'on n'en trouve plus trace. Mais la discussion reste ouverte quant à la recherche de ces types vivants ou disparus auxquels on puisse rapporter les diverses races actuelles.

La première question est celle de savoir si nos races européennes descendent de notre sanglier d'Europe. Jusqu'au commencement de ce siècle, presque tous les naturalistes furent unanimes dans cette opinion. Les premiers doutes

---

en 1869, accouplée avec un de ses fils de la première portée, c'est-à-dire de la même espèce ou race pure qu'elle-même, elle en eut des jeunes tout noirs; puis la même année, avec un verrat de race Berckshire, dix-neuf cochonnets tout blancs; en 1870, avec un de ses descendants trois quarts de sang cochon

semblent être mentionnés dans la deuxième édition (1835) du *Mémoire sur l'éducation du porc,* par Viborg, où on lit en note, au bas de la page 16 : « Quelques naturalistes sont portés à croire que le porc commun ne vient pas du sanglier, mais d'une autre espèce; ils se fondent principalement sur ce que les cochons marrons ou sauvages d'Amérique, qui sont descendus de l'espèce domestique, ne ressemblent point aux sangliers d'Europe. » M. de Blainville, dans son *Ostéographie* (1839), identifie le sanglier d'Europe avec celui d'Asie. M. Isidore Geoffroy Saint-Hilaire (*Hist. génér. des règnes organiques,* 1854), tout en les distinguant, ne leur reconnaît que des différences de caractère d'une faible importance, et ne s'étonne point que leur diversité spécifique soit loin d'être généralement admise. Pour le savant naturaliste, notre sanglier était originaire de l'Asie, et nos cochons domestiques seraient sa descendance.

Cuvier, qui professait l'opinion d'après laquelle le porc descendrait du sanglier, avait étudié comparativement leur squelette, et indiqué le nombre suivant des vertèbres qui le composent :

à masque, issu d'une de ses filles pur sang et d'un de ses fils demi-sang Windsor, elle donna seize petits, dont cinq noirs et onze blancs ou très-peu tachetés de noir. (*Gazette agricole de Glogau, Ann. de l'agric. franç.,* VIᵉ série, t. V, janvier 1873, p. 75.)

VERTÈBRES.	SANGLIER.	PORC DOMESTIQUE INDIGÈNE.
Cervicales. . . .	7	7
Dorsales	14	14
Lombaires . . .	5	6
Sacrées.	4	4
Coccygiennes. .	20	22

Rigot, dans son *Traité d'anatomie (Ostéologie,* 1841), indique pour le porc 14 dorsales et 7 lombaires. M. Chauveau, dans son *Traité d'anatomie comparée* (1857), indique 14 dorsales et ordinairement 6, communément 7 lombaires. M. F. Leyh, dans son *Anatomie des animaux domestiques* (1871), indique 14 dorsales, quelquefois 15, plus rarement 16 ou 17; ordinairement 7, souvent 6, quelquefois même seulement 5 lombaires; quant aux vertèbres sacrées, Rigot, MM. Chauveau et Leyh sont d'accord pour en compter 4.

En Angleterre, M. Eyton donnait, en 1837, le tableau suivant, qui paraît aussi fantaisiste et incomplet qu'erroné à plusieurs égards :

VERTÈBRES.	MALE ANGLAIS A LONGUES JAMBES.	TRUIE AFRICAINE.	MALE CHINOIS.
Cervicales	7	7	7
Dorsales.	15	13	15
Lombaires. . . .	6	6	4
Sacrées	5	5	4
Coccygiennes . .	21	13	19

Enfin, M. Sanson, en 1867, constata les chiffres suivants :

VERTÈBRES.	SANGLIER D'EUROPE.	PORC INDIGÈNE.	COCHON D'ASIE.
Dorsales.	17	14	15
Lombaires. . . .	5	6	4

Ces nombres, en ce qui concerne nos races européennes, sont-ils absolument vrais? D'après M. Leyh, nous venons de voir qu'en Allemagne les dorsales peuvent varier de 14 à 17, les lombaires de 5 à 7; le savant anatomiste et professeur a d'autant moins pu avancer légèrement ces chiffres que son attention a du être inévitablement sollicitée par le mémoire de M. Sanson et par les remarques de son jeune et éclairé traducteur et commentateur M. Saint-Yves-Ménard.

Malgré ces notables différences anatomiques, M. Sanson n'hésite pas à reconnaître comme appartenant à une seule et même espèce, le *Sus Scrofa,* nos sangliers, nos porcs et les cochons d'Asie. Il a raison, et d'ailleurs il le fallait bien, à moins de distinguer aussi nos chevaux en deux espèces. C'est encore à M. Sanson, en effet, qu'on doit cette observation faite pour la première fois, que le type oriental, le cheval arabe, par exemple, ne possède que cinq vertèbres lombaires, tandis que le type occidental, comme le cheval flamand en a six [1]. Remarquons encore

---

[1] M. Sanson n'a signalé d'autres différences que celle-ci entre les deux types; mais nous supposons qu'il pourrait y avoir lieu d'en ajouter une autre, non moins importante, après vérification. M. Chauveau dit en effet qu' « il n'est pas rare de rencontrer chez le cheval dix-neuf côtes avec un nombre

que, pour les mêmes motifs, il faut réunir dans une seule et même espèce le bœuf domestique, le zébu, le yack, et bien d'autres, sans doute, qui ont, le premier treize dorsales et six lombaires, le second treize et cinq, le troisième quatorze et cinq; dans une autre espèce unique, le bélier et le bouc; qu'enfin, il faut bien réunir spécifiquement le lièvre et le lapin; et demandons-nous ce que, au milieu de tout cela, devient la notion de l'espèce zoologique. Elle disparaît forcément dans des genres et des sous-genres.

égal de vertèbres dorsales; mais qu'alors il n'existe le plus souvent que cinq vertèbres lombaires ». M. Leyh dit à son tour : « Chez le cheval, il y a quelquefois une dix-neuvième paire de côtes, et cela, tantôt avec six, tantôt avec cinq vertèbres lombaires. Il arrive que la dix-neuvième côte est formée par l'apophyse transverse de la première vertèbre lombaire; quelquefois, il part de cette apophyse transverse un ligament qui, plus loin, se réunit à un os pointu ou à un cartilage. » D'un autre côté, nous lisons dans les études sur les races de chevaux de la Russie, p. 94, par M. de la Teillais (Rennes, 1867), que le célèbre étalon Smiétanka, souche de la race des trotteurs d'Orloff, dont le squelette est précieusement conservé dans le musée du comte de ce nom, possédait dix-neuf côtes, ce à quoi on attribua son fond et sa vitesse merveilleuse. On sait que ce cheval était de race orientale. Il serait donc intéressant d'étudier si ces exceptions ne sont pas la règle. Dans l'affirmative (sans y comprendre le type Asiatique ou Védique un instant soupçonné par M. Piétrement), nous aurions deux types de chevaux, comme nous aurions eu trois types de sanglier, savoir :

VERTÈBRES.	TYPE ORIENTAL.	TYPE OCCIDENTAL.
Dorsales	19	18
Lombaires	5	6

: Le renversement de cette barrière étroite de l'espèce, renversement devenu nécessaire et qui modifiera si profondément la zoologie, nous semble porter un coup fatal à la doctrine de la fixité spécifique, contrainte d'admettre des centres de création multiples ou de pousser les limites de la variabilité jusqu'à celle du nombre des pièces les plus importantes du squelette [1].

Dans ce dernier cas, il ne reste plus aucune difficulté à reconnaître que nos races de porcs domestiques indigènes descendent de notre sanglier d'Europe, malgré les différences que présente leur rachis.

Comme il serait difficile de concevoir les porcs Craonnais, Napolitain ou Tonquin, sortis tels qu'ils sont des mains de la nature, à peu près tout le monde est d'accord pour admettre que les cochons domestiques sont descendus des sangliers sauvages, et que la domestication de ceux-ci remonte à une très-haute antiquité. Ainsi, l'un des plus anciens monuments écrits de la Chine, le *Chou-King,* la ferait remonter à quarante-neuf siècles.

---

[1] Ne sait-on pas qu'on a souvent constaté, chez l'homme, l'existence de treize vertèbres dorsales (Camper, Fallope, Tyson), et que d'un autre côté, on possède un squelette d'orang-outang portant, comme l'homme, douze dorsales et cinq lombaires? Cuvier n'a-t-il pas compté les mêmes nombres sur un gibon? De Filippi ne nous apprend-il pas que la race des bœufs de Plaisance (Piacentino) a quatorze paires de côtes, tandis que nos races communes n'en ont que treize?

Voici d'abord M. P. Gervais qui nous dit :
« Quant à l'histoire paléontologique de ce genre
(cochons domestiques), elle n'est pas moins
curieuse. Les couches superficielles du globe,
telles que les brèches osseuses, les tourbières et
les cavernes de l'Europe, renferment des débris
de sangliers, et il y en a aussi dans les terrains
pliocènes et miocènes ; mais ceux de ces derniers
terrains ont précédé les sangliers ordinaires
dans nos contrées, et ils forment des espèces
assez différentes des leurs. » (*Mammifères*, t. II.)

Rutimeyer a trouvé, dans les habitations lacus-
tres de la Suisse datant de la dernière période
(néolithique) de l'âge de pierre, les ossements
de deux formes domestiques du porc, le *Sus
Scrofa* et le *Sus Palustris*; ce dernier, se rappro-
chant sensiblement du *Sus Indicus*, en diffère
pourtant, dit-il, par quelques caractères bien
accusés. M. Jeitteles a découvert à Olmutz
(Moravie-Autriche) des côtes du sanglier (*Sus
Scrofa Ferus*), du porc des tourbières(*Sus Scrofa
Palustris*) et du porc domestique. Voilà, à coup
sûr, des preuves convaincantes d'une respectable
antiquité pour nos races porcines [1].

M. R. de Guimps (*Recherches sur la domesticité des animaux*. Brochure, Genève, 1866),
s'appuyant sur la linguistique, estime que le
porc a été domestiqué après le bœuf, le cheval,

---

[1] On a trouvé aussi des ossements fossiles du *Sus Scrofa* en
France, à Aurignac (Haute-Garonne).

la chèvre et le mouton, mais avant le chien, par
les Aryas primitifs, antérieurement à leurs premières migrations, c'est-à-dire, à une époque
qui ne doit pas être moins ancienne que la
IVe dynastie égyptienne et que les Palafittes de la
pierre (soit environ quarante siècles avant J. C.).
Les anciens peuples sémitiques n'ayant possédé,
comme animaux domestiques, que le bœuf, la
chèvre, le mouton, l'âne et le chameau, ce n'est
qu'après leur séparation d'avec les Sémites, que
les Aryas auraient conquis le chien, le cheval
et le cochon. « Si haut, ajoute-t-il, que nous
puissions remonter dans les âges qui ont suivi
l'époque diluvienne, nous trouvons, chez certains peuples, ces mêmes animaux dans un état
de domesticité aussi avancé, aussi complet que
celui qui existe de nos jours, dans un état qui
exclut absolument l'idée d'animaux naguère sauvages et soumis récemment à la domestication
de l'homme. Nous devons en conclure que ces
animaux étaient déjà domestiqués avant la fin de
l'époque diluvienne, c'est-à-dire, à cette période
du quaternaire ancien pendant lequel la présence
de l'homme dans diverses parties de notre globe
est maintenant parfaitement démontrée. »

Rutimeyer, après avoir pensé d'abord que le
porc des tourbières avait existé à l'état sauvage
pendant la première partie de l'âge de pierre et
n'avait été domestiqué que vers la fin de cette
même période, paraît maintenant avoir quelques

doutes sur ce point, doutes qu'auraient éveillés en lui les objections de M. Von Nathusius. Que cette domestication date de l'âge de la pierre brute, taillée ou polie, elle serait, en tout cas, à peu près aussi ancienne en Europe qu'en Chine.

M. P. A. Pichot considère le porc comme ayant été importé en Égypte par les *Pasteurs*[1] : « Le « cochon, dit-il, n'est jamais mentionné dans les « textes ni de l'ancien ni du moyen Empire ; il « ne figure même pas sur les monuments à l'état « de gibier sauvage ; mais les tombeaux de « Kournah prouvent qu'à partir de la dix- « huitième dynastie les agriculteurs égyptiens en « élevaient sur leurs domaines. Ils ne les utilisè- « rent pas cependant comme nourriture, car la « religion égyptienne leur défendait de faire « usage de la chair du porc, qui symbolisait alors « les esprits infernaux, si ce n'est à l'époque où « l'on célébrait la lutte d'Horus contre Typhon, « mythe de la religion égyptienne où se person- « nifiait certain phénomène lunaire. Alors, rap- « porte Hérodote, non-seulement on mangeait un « porc, après en avoir brûlé la queue, la rate et « la graisse, mais encore les pauvres gens qui « ne pouvaient pas se payer de la charcuterie

---

[1] *Hycsos*, ou *Impurs*, pasteurs arabes ou chananéens qui envahirent l'Égypte plus de deux mille ans avant Jésus-Christ, et dont les chefs formèrent la dix-septième dynastie. Ils occupèrent le nord et le centre de l'Égypte pendant cinq cent vingt ans. (Dezobry et Bachellet.)

« faisaient un cochon en pâte qu'ils découpaient
« et mangeaient respectueusement. Cette fête
« devait ressembler, j'imagine, à notre foire aux
« jambons et au pain d'épice. »

« Qui donc, alors, mangeait les pourceaux de
« l'enfant prodigue ? Sans aucun doute les tribus
« étrangères qui l'avaient introduit et qui avaient
« colonisé la basse Égypte, les prisonniers que
« les Pharaons faisaient à la guerre et qu'ils em-
« menaient en servage. En effet, dit François
« Lenormant, lorsque Hérodote décrit les por-
« chers comme formant, de son temps, sous la
« domination des Perses, une caste distincte,
« se mariant entre elle, et exclue des temples,
« il semble bien indiquer que l'emploi du porc
« était spécial à des tribus étrangères. La philo-
« logie comparée nous démontre encore, par la
« comparaison du nom du porc dans les différents
« idiomes, que le cochon a rayonné des bords de
« l'Oxus[1], chez tous les peuples de l'Asie où
« émigrèrent les descendants des Aryas[2]. Nous
« nous trouvons donc encore une fois en présence
« d'une véritable acclimatation accomplie dans
« l'ancienne Égypte. » (*Discours à la séance
solennelle de distribution des prix de la Société
zoologique d'acclimatation en mai* 1875. *Bullet.*

---

[1] Qui séparait la Bactriane de la Sogdiane (Turkestan actuel),
et porte maintenant les noms de Amou-Déria ou Djihoun.

[2] En sanscrit *laboureurs*, originaires des montagnes nord-
ouest de l'Inde.

de la Soc. zool. d'acclimatation, mai 1875, p. XXVIII à XLIX.)

« Le porc était depuis très-longtemps domes-
« tiqué en Orient et surtout dans l'extrême Orient,
« lorsqu'il fit son apparition en Égypte à la suite
« de l'invasion des Pasteurs. Il est donc proba-
« ble, puisque rien ne vient attester son existence
« sous l'ancien Empire, qu'il est arrivé dans
« notre pays, en même temps que le cheval,
« avec ces peuplades nomades. D'après les
« sinologues, la domesticité du cochon daterait,
« pour la Chine, d'au moins quarante-neuf
« siècles. Il est donc probable que ce sont les
« sangliers de l'extrême Orient qui ont été la
« souche primitive de nos races de ferme. Si
« notre sanglier a été domestiqué, ce n'est que
« beaucoup plus tard ; il serait possible de
« retrouver l'influence de son sang chez certains
« de nos types indigènes qui ont un grand air
« de parenté avec le sanglier de nos forêts. »
(P. A. PICHOT, *le Jardin d'acclimatation illustré.*
Paris, Hachette, 1873, p. 69-70.)

Les Hébreux connaissaient le porc, mais le considéraient comme un animal impur et pensaient que sa viande pouvait produire la lèpre ; aussi les Livres saints défendaient-ils expressément de le tuer et de le manger. Il en fut à peu près de même dans toutes les religions de l'Orient, et il faut avouer que l'hygiène moderne a confirmé cette opinion sous tous les

climats chauds. Il semble même y avoir eu, en
Judée aussi, des porcs sauvages : « Vous avez
« apporté la vigne de l'Égypte, disent les Psau-
« mes, et, après avoir dispersé les nations, vous
« avez planté la vigne à leur place, vous avez
« affermi ses racines, et elle s'est emparée de la
« terre ; son ombrage a couvert les montagnes ;
« ses branches ont monté sur les cèdres ; le
« sanglier des forêts l'a toute ruinée, et les bêtes
« sauvages l'ont dévorée. »

Les porcs étaient autrefois nombreux aussi
en Grèce, et nous savons par Homère que les
immenses troupeaux soignés par Eumée dans
l'île d'Ithaque (îles Ioniennes) étaient engraissés
avec les glands des forêts. Les héros de l'*Iliade*
et de l'*Odyssée* paraissaient tenir en haute estime
les mets confectionnés avec la chair de ce
pachyderme.

Il en fut sans doute de même en Italie, où les
sangliers, nombreux d'abord, diminuèrent successivement en nombre, si bien qu'à la fin du
deuxième siècle avant J. C., un certain Fulvius
Lupinus eut, le premier, l'idée d'élever des
sangliers dans un parc fermé, pour les livrer à la
consommation ; c'était une nouvelle et sans doute
lucrative industrie zootechnique qu'imitèrent
bientôt les Lucullus et les Hortensius. Ces sangliers, nous apprend Pline, étaient recherchés
pour la table ; déjà, dans un de ses discours,
Caton le Censeur reproche à ses contemporains

les échinées de sanglier. (*Hist. nat. des animaux,*
liv. VIII, chap. LXXVIII, 52.) Quant aux porcs
domestiques, dont la truie fournissait le *sumen*
(mamelles), un des mets les plus recherchés,
ils paraissent avoir été de couleur noire; on les
élevait en nombreux troupeaux, au milieu des
forêts, dans toute l'Italie, et principalement
dans la Campanie. On mangeait les cochons de
lait, on engraissait les adultes après les avoir
châtrés, mâles ou femelles, tantôt au moyen de
figues sèches pour produire une hypertrophie du
foie, tantôt avec des grains entiers ou moulus
pour obtenir de la viande. De leur corps, certaines parties étaient recherchées par les gourmets, comme le foie gras, les mamelles (*sumen*),
les rognons, la hure ou tête, la matrice, etc.;
aussi nombre de lois censoriales prohibèrent
ces prodigalités. On conservait la viande salée
dans des magasins immenses, des sortes de silos,
et, d'après Polybe, ceux construits aux environs
de Rome seule pouvaient contenir 4,000 pièces
de lard.

Chez les Germains, on sacrifiait un porc au
Soleil lorsqu'il était parvenu au plus bas de sa
course; les Alstiens, peuple ou caste sacerdotale
fixé sur les bords de la Baltique, se préser-
vaient de tout danger dans les combats en portant à la main et ostensiblement un bâton
grossièrement façonné en tête de sanglier. La
chair du porc était le mets favori des peuples

du Nord; aussi tient-elle le premier rang dans les repas que la religion d'Odin promet aux guerriers morts pour la patrie. Plusieurs des codes anciens montrent de la prédilection pour le porc, et punissent sévèremeut les dommages portés au propriétaire de cet animal. Le Code des Allemans, dans les compositions, évalue beaucoup plus haut un gardien de porcs que les autres pasteurs, esclaves ou serfs comme lui, ce qui se comprendra si l'on se rappelle que la Germanie était surtout riche en forêts immenses, domaine naturel et économique de la gent porcine. (L. Reynier.)

« Les Celtes élevaient aussi beaucoup de porcs et en avaient au delà de leur consomma-tion, puisque des salaisons étaient envoyées jusqu'à Rome. La race qu'ils avaient était agile et presque sauvage; cependant elle obéissait à la voix de ses gardiens; des chiens secondaient ces derniers et leur aidaient à conduire leurs troupeaux. La Gaule, ayant à cette époque-là des forêts beaucoup plus étendues que celles qui existent maintenant, y trouvait un moyen d'élever un grand nombre de ces animaux, et c'est l'habitude de les parcourir qui donnait à ces derniers l'agilité que les anciens ont remar-quée. Aussi, la propriété de la glandée était-elle garantie par les lois. » (L. REYNIER, *Écon. rurale des Celtes et des Germains*, p. 515.) Les Gaulois, d'après le géographe Strabon (10 av.

J. C.), entretenaient des porcs d'une grosseur
énorme, errant par bandes et à l'abandon dans
leurs vastes forêts; aussi leur rencontre était-elle
aussi dangereuse que celle d'un loup. (Livre IV.)
Les Séquaniens (Franche-Comté) étaient les
principaux éleveurs de ces porcs, qui fournis-
saient de graisses et de salaisons Rome et toute
l'Italie. Les Éduens, leurs rivaux et leurs voisins,
fiers de l'alliance romaine, leur interdirent la
Saône et cherchèrent à entraver leur commerce
de porcs (55 av. J. C.). Les Séquaniens, dans un
désir imprudent de vengeance, appellent les
Suèves-Germains à leur secours; ceux-ci accou-
rent au nombre de 120,000, sous la conduite
d'Arioviste, et pillent sans distinction alliés et
ennemis. C'est César alors que les Séquanes
appellent à leurs secours contre les Germains; si
bien que les porcs ont été la cause indirecte de
la conquête des Gaules par les Romains.

Bref, le porc, à l'état domestique, s'est
répandu sur presque tout le globe et jusqu'aux
cercles polaires. Il n'existait point en Amérique
ni à la Nouvelle-Hollande, à l'époque où ces
terres furent découvertes, mais il y a été importé
de bonne heure, et il s'y est multiplié dans une
large mesure. Donc, encore une fois et partout,
la domestication des sangliers est fort ancienne.
Mais revenons à la question d'origine.

L'opinion générale a toujours fait et fait
encore descendre nos porcs domestiques du san-

glier d'Europe; M. Isidore Geoffroy Saint-Hilaire,
et après lui, comme nous l'avons vu plus haut,
M. P. A. Pichot, font descendre nos races des
porcs européens des sangliers d'Asie. M. Sanson
professe que nos cochons domestiques ont
toujours été cochons, notre sanglier toujours
sanglier, et que les sangliers ou cochons d'Asie
n'ont été pour rien dans leur ascendance; leurs
souches primitives n'ont, par conséquent, jamais
cessé de résider où nous les observons aujourd'hui.

M. Von Nathusius, dans deux remarquables
travaux publiés en 1860 et 1864, à Berlin,
expose que toutes les races connues appartiennent
à deux grands groupes : l'un descend, sans
aucun doute, du sanglier ordinaire, auquel il
ressemble par tous ses points importants et qu'il
désigne sous le nom de *Sus Scrofa*. Ce type aurait
fourni les races qui existent encore dans les
diverses régions du centre et du nord de l'Europe;
à l'état sauvage, il offre une aire de dispersion
très-étendue, qui, d'après les déterminations
ostéologiques de Rutimeyer, comprendrait l'Europe et l'Afrique septentrionales et encore l'Hindoustan. Le second groupe différerait de celui-ci
par plusieurs caractères ostéologiques essentiels
et constants; sa forme primitive et sauvage serait
inconnue; c'est ce que l'on nomme le *Sus Indicus;* il considère comme lui appartenant les races
domestiques de la Chine, de la Cochinchine et de
Siam, la race Romaine ou Napolitaine, les races

Andalouse et Hongroise, les porcs dit Krause habitant le sud-est de l'Europe et la Turquie, la petite race Suisse de Rutymeyer, dite *Bündtner-schwein;* des porcs du même type auraient existé pendant une longue période sur les bords de la Méditerranée.

M. de Nathusius a constaté que le crâne des races du type *Sus Scrofa* ressemble par ses points importants à celui du sanglier européen, mais qu'il est devenu, relativement à sa longueur, plus haut, plus large et plus droit dans sa partie postérieure, différences qui varient néanmoins quant au degré, de sorte que, bien que ressemblant au *Sus Scrofa* par les caractères essentiels du crâne, les races dérivées diffèrent notablement entre elles sous d'autres rapports, tels que la longueur des jambes et des oreilles, la courbure des côtes, la couleur, le développement du poil, la taille et les proportions du corps. Pour la race Romaine ou Napolitaine, et celles Hongroise et Turque, M. de Nathusius les rapproche du type *Sus Indicus.* Des porcs du même type ont existé pendant une longue période sur les bords de la Méditerranée, car on a trouvé dans les fouilles faites à Herculanum une figure très-semblable au porc Napolitain actuel. Rutimeyer rallie encore à ce même type la petite race Suisse dite Bündtnerschwein, à poil fin et frisé, dont C. Vogt dit : « On trouve encore, en effet, dans les « Grisons, l'Uri et le Valais, une petite race à

« dos rond, à jambes courtes, à petites oreilles
« droites, à museau court et épais, dont le man-
« teau offre une couleur uniforme noirâtre ou
« d'un brun-rouge foncé, garni de soies longues
« et roides, et qui, par la conformation de ses os
« et de ses dents, coïncide avec le porc des
« tourbières. Il est donc fort probable que cette
« espèce, éteinte à l'état sauvage, s'est continuée
« dans cette race, qui, par la domestication, a
« acquis un front plus droit, un occiput plus
« court et des arcades zygomatiques moins
« arquées. » (*Leçons sur l'homme*, p. 522.)
Enfin, d'après C. Vogt encore, le porc Indien ou
Siamois, qui n'est plus du reste en Asie à l'état
sauvage, mais domestiqué, se rapprocherait le
plus du porc des Tourbières domestique. (*Ibid.*)

Fitzinger, après avoir dit que la plus grande
partie des races de porcs que nous trouvons en
Europe descendent probablement du sanglier,
rapporte toutes ces races à deux grands groupes :
les cochons crépus et les cochons à grandes
oreilles. Au premier appartiendraient les races
que l'on trouve dans l'Europe méridionale ; au
second, celles de l'Europe septentrionale. Le
premier comprendrait les races Mongole ou
Turque, Hongroise, Sirmienne, Polonaise, Espagnole et Naine. Le second fournirait les races
Moravienne, Allemande, à longues soies, Bava-
roise, Jutlandaise, Française et Anglaise.

Rutimeyer, ayant constaté dans les Palafittes

l'existence de deux espèces de sangliers, le *Sus Scrofa Ferus* d'énorme grandeur, et le *Sus Scrofa Palustris,* de plus petite taille et à défenses relativement beaucoup plus petites, n'est pas éloigné d'admettre qu'il ait pu exister anciennement, en Europe, et dans l'Asie centrale, une troisième espèce, voisine du *Sus Indicus;* il y aurait eu ainsi trois souches de nos races domestiques.

M. Baudement (mort en 1863) avait écrit, à une époque que nous ignorons, l'article *Porcs* du *Dictionnaire de commerce et de navigation* (3e édition, Paris, 1873, GUILLAUMIN), dans lequel, adoptant en entier l'opinion de Fitzinger, il distingue deux grands types des races porcines : l'un est l'ancien porc de l'Europe septentrionale et centrale, et il y range la population porcine de la Russie, de la Pologne, de la Suède, du Danemark, de l'Allemagne, de la Bohême, de la Hollande, de la Belgique, de la France, celle même des îles Britanniques qu'on trouve encore dans un grand nombre de comtés. L'autre est le porc de l'Asie et de l'Europe méridionale, qu'il personnifie surtout dans les races de Chine et de Naples, et auquel il rattache les races du Japon, de la Cochinchine ou du Tonquin, du Birman, de Siam, de l'archipel Indien, de l'Hindoustan, de l'Arabie, de la Turquie, de certaines parties de la Hongrie, de la Croatie et de la Servie, celles de Malte, de la Calabre, de la Toscane, de Parme, d'Espagne et de Portugal.

Les races porcines Françaises (appartenant toutes au premier type ou ancien type d'Europe) se subdiviseraient d'après lui en deux catégories. Dans la première, caractérisée par le pelage blanc, la longueur du corps, la longueur des oreilles tombantes, habitat septentrional, il range les races dites Flamande, Picarde, Artésienne, Normande, Augeronne, Cotentine, Cauchoise, Alençonnaise, Montagnarde, Mancelle, Craonnaise, Angevine, Saumuroise, Poitevine, Vendéenne, Angoumoise, Lorraine, de robe blanche, et celles Bretonne, Champenoise, Alsacienne, Bourguignonne, Bourbonnaise, Berrichonne, Marchoise, Morvandelle, Comtoise, Auvergnate de robe pie noire, qui forment une sorte de transition à la seconde catégorie. Celle-ci se distingue par le pelage pie noir ou presque noir, le corps plus court, les oreilles plus dressées, et comprend les races dites Charolaise, Bressanne, Dauphinoise, Limousine, Périgourdine, Quercinoise, Aveyronnaise ou de Rouergue, Agennaise, Gasconne, Pyrénéenne, Navarrine, Ariégeoise, Cardagnoise et Carollaise.

Au point de vue des aptitudes, de la production et du commerce, il divise encore ses races en huit groupes, savoir :

1er *groupe,* Craonnais normand ou blanc du Nord-Ouest, pays entre Seine et Loire, Vendée, Poitou, partie de l'Angoumois jusqu'à la Gironde, pays de Caux, partie de l'Ile-de-France. Poids vif

250 à 300 kilos. (900,000 têtes ou 18 0/0 de la population totale.)

2e *groupe* ou Breton. (371,000 têtes ou 7 0/0.)

3e *groupe* du Nord ou Flandro-Picard. (Flandre, Artois, Picardie, partie de l'Ile-de-France et de la Champagne, région entre la Seine, l'Oise, la Belgique et la mer, 443,000 têtes ou 9 0/0.)

4e *groupe* du Nord-Est ou Lorrain. (530,000 têtes ou 10 0/0.)

5e *groupe* de l'Est ou Charolais Bressan. (865,000 têtes ou 17 0/0.)

6e *groupe* du Centre ou Auvergnat. (555,000 têtes ou 11 0/0.)

7e *groupe* du Sud-Ouest ou Limousin Périgourdin. (Poids vif 180 à 200 kilos. — 1,045,000 têtes ou 20 0/0.)

8e *groupe* du Sud ou Pyrénéen. (395,000 têtes ou 8 0/0.)

Enfin, M. Sanson, après avoir signalé les différences ostéologiques qu'il avait rencontrées dans le sanglier d'Europe, notre porc indigène, le porc de l'Europe méridionale et le porc de l'Asie, établit la distinction entre ces trois types, autour desquels il groupe nos races actuelles les plus connues : la *race Celtique,* type unique qui peuplait à lui seul, avant l'introduction des deux autres, non-seulement tous les pays faisant partie de l'ancienne Gaule, mais encore les îles Britanniques; ce sont toutes nos anciennes races indigènes restées pures, à robe blanche ou jaunâtre (Normande, Craonnaise, Poitevine, etc.). La *race Napolitaine*, encore appelée Ibérienne et par M. de Nathusius Romanique, type distinct et bien déterminé, qui fut, selon toute probabilité, celui de l'antiquité gréco-romaine, qui a toujours habité la péninsule Ibérique, que les Espagnols ont transporté en Amérique, que nous trouvons en France, au midi de notre plateau central, dans l'ancienne Narbonnaise, mais qui s'est étendu de proche en proche vers la Gaule centrale, où l'on retrouve facilement ses traces partout où les anciens peuples ibères ont pénétré. Enfin, la *race Asiatique,* connue en Europe sous les noms divers de race Chinoise, race Tonquine, race Cochinchinoise, race Siamoise ou de Siam, race du Cap, race Malaise, introduite dans un temps qu'il n'est pas possible de préciser, et que les Anglais ont tant employée à l'amélioration de leurs races indigènes. D'où proviennent ces trois races typiques? M. Sanson ne le dit pas : « Nos races de porcs ne peuvent pas plus venir du sanglier d'Europe que des sangliers de l'Asie, à moins que l'hérédité des formes fondamentales du squelette ne doive être considérée comme un vain mot. » (*Econ. du bétail, applications,* p. 503-526.) Ils auraient été créés tels qu'ils sont.

Le mode de distinction spécifique de nos animaux domestiques à l'aide des caractères

ostéologiques présente en effet une apparence
de rigueur que la science ne pourra accepter
qu'après l'avoir vérifiée sur un nombre suffisant
d'individus appartenant aux diverses races des
différents types. Resterait ensuite la question de
savoir si le régime et l'alimentation ne peuvent
être assez puissants pour modifier le rachis,
comme ils modifient profondément les membres,
la tête et toutes les formes extérieures [1]. M. Leyh
ne nous a-t-il pas laissé entrevoir que les porcs
allemands présentaient de 14 à 17 dorsales et
de 7 à 5 lombaires? 17 dorsales et 5 lombaires,
c'est juste le rachis du sanglier d'Europe; il y
aurait donc en Allemagne des sangliers domes-

---

[1] « Quant à la permanence des types désignés sous les noms
de Brachycéphales et de Dolichocéphales, je ferai observer que
l'île de Jersey possède une race à part qui s'est maintenue pure
de tout croisement, puisque la loi du pays défend l'entrée du
bétail étranger, si ce n'est pour la boucherie; or, pendant quelques
années, les animaux Dolichocéphales ont été à la mode et for-
maient la majorité dans les troupeaux; mais depuis dix ans, la
mode a changé, et ce sont les Brachycéphales qui dominent
aujourd'hui, et cela sans intervention de type étranger, par la
seule action de la main de l'homme. » (GARREAU, *Bulletin de la
Société impér. et cent. d'agric.*, 3e série, t. III, p. 626.) La
caractéristique tirée du développement relatif du crâne et de
la face, empruntée à l'anthropologie, a pu être exacte pour les
espèces fossiles; elle nous le paraît incomparablement moins
depuis que, grâce aux relations internationales multipliées par
la vapeur, on a partout introduit des races étrangères et qu'on
les a croisées ensemble, depuis enfin que, reconnaissant toute
la puissance du régime et de la sélection, on a amélioré nos races
domestiques en divers sens.

tiques; qui affirmera que les porcs du même
pays n'ont pas, les uns 16 dorsales et 6 lombaires, les autres 15 et 7 ou 15 et 6, d'autres
enfin seulement 14 et 6, exactement comme nos
porcs domestiques, et après avoir passé par le
type Napolitain? C'est là pure hypothèse, dira-
t-on, mais elle mériterait peut-être d'être vérifiée plus amplement. Ajoutons que M. Von
Nathusius considère le *Sus Pliciceps* ou sanglier
masqué (*Sus Larvatus*) comme ressemblant tout
à fait par son crâne à la race Chinoise à courtes oreilles, du type *Sus Indicus*, et comme
n'étant qu'une variété domestique de celui-ci,
tandis que Darwin insiste pour en faire une
espèce à part; qu'enfin Brehm donne pour père
« à la petite race domestique que l'on connaît
sous le nom de porc ou cochon chinois », le
sanglier du Japon (*Sus Leucomastix*).

Si tous les sangliers et porcs appartiennent à
une seule et même espèce, et si les variétés
zoologiques, si les races zootechniques de cette
espèce diffèrent si notablement par le nombre
des vertèbres dorsales et lombaires, c'est donc
que l'espèce peut varier sous ce rapport, comme
elle varie dans le cheval et probablement dans
bien d'autres. Si elle a varié, ne pourrait-elle
varier encore, et d'un sanglier à 17 dorsales et
5 lombaires ne pourrait-on faire aujourd'hui et
en un temps plus ou moins long un porc à
14 dorsales et 6 lombaires?

Pour si intéressante que soit la question, il y a peu de chances pour qu'elle soit jamais résolue par l'expérience directe, et cela est regrettable. Les Sociétés seules ne meurent pas, et quelques unes de nos Sociétés de zoologie d'acclimatation seraient en situation parfaite d'entreprendre ces études : la recherche par voie expérimentale des types originaires d'animaux domestiques et de végétaux cultivés. N'avons-nous pas vu M. Vilmorin obtenir en sept ans, de la carotte sauvage, à peu près toutes nos variétés de carottes cultivées? L'asperge, l'artichaut, le poirier, le rosier, ne sont-ils pas issus de types originaires que nous possédons encore, et dont ils diffèrent par des caractères botaniques essentiels? L'essai qui consisterait à reproduire plus ou moins longtemps en domestication zootechnique le mouflon, le sanglier, le lièvre, le lapin sauvage, pour étudier les effets de ce régime sur la conformation interne et externe de ces animaux, dût-elle même conduire à des résultats tout autres que ceux que nous supposons, ne serait pas complétement oiseux.

Il y a de grandes, de solides, de nombreuses présomptions, en effet, que la variabilité de l'espèce est plus grande que ne l'admettent les zoologues, en attendant qu'ils soient amenés à nier l'existence zoologique de cette même espèce.

David Low ne répugne point à désigner le sanglier ordinaire de nos forêts comme l'ancêtre

de nos races de porcs indigènes pures : « C'est
un fait aussi curieux, dit-il, au point de vue
physiologique qu'à celui de l'histoire naturelle,
de voir les grandes et rapides modifications que
subissent, dans la domesticité, les mœurs, le
courage et la force de nos sangliers. Les jeunes
marcassins que l'on prend dans nos forêts deviennent presque aussi dociles que les cochons apprivoisés, et, en une seule génération, ils perdent
toute la férocité qui distingue leur espèce. Leurs
formes elle-mêmes subissent d'incroyables modifications, et dans les circonstances nouvelles
où ils se trouvent, ils perdent tout naturellement
les caractères qui les approprient à la vie sauvage [1]. Entre autres modifications de ce genre,
on remarque les suivantes : les oreilles deviennent moins mobiles ; les formidables défenses
du mâle diminuent ; les muscles du cou, moins

---

[1] Ici, le savant traducteur et commentateur de D. Low,
M. Royer, ajoute : « Ces grandes modifications organiques
apportées par le changement complet de régime, en une seule
génération, sur un type sauvage constant, une espèce pure, et
sur des animaux même qui sont nés dans l'état sauvage, nous
semblent l'argument le plus rationnel et le plus puissant en
faveur de la méthode d'amélioration des races par elle-mêmes,
en choisissant les reproducteurs et donnant un meilleur régime
aux jeunes produits..... Il est à remarquer cependant que, de
tous les animaux domestiques, le cochon est celui qui se trouve
le mieux des croisements et qui semble même les réclamer,
tantôt pour maintenir la fécondité des mères, tantôt pour modifier avantageusement la nature des tissus musculeux et graisseux »

exercés, se développent moins, et la tête est
plus inclinée; le dos et la croupe s'allongent;
le corps est plus gros; les membres, plus courts
et moins musclés; enfin l'anatomie démontre
que l'estomac et le canal intestinal sont devenus
plus étendus. Avec l'agrandissement du tronc,
les animaux perdent nécessairement leur vivacité
naturelle, et leurs habitudes et instincts semblent se modifier en même temps que leur corps.
Ils deviennent plus gourmands, et leur tendance à
l'obésité augmente proportionnellement. Ils perdent l'habitude de sommeiller le jour et de prendre leur nourriture exclusivement la nuit. Le
mâle ne cherche plus à s'isoler de ses compa-
gnons, et la femelle fait des portées plus fréquentes et plus nombreuses. Avec la diminution
de leur force et de leur activité, l'amour de la
liberté semble s'éteindre en eux; ils se plaisent
dans leur étable, et sont contents d'y rentrer
après une courte absence.

« L'animal qui se serait précipité sur un cavalier tout armé et qui aurait terrassé les chiens
les plus féroces, fuit alors le chien d'un pâtre et
obéit à la voix d'un enfant. Qui plus est, il
communique à sa progéniture ces changements
de forme, d'instincts et de mœurs, en sorte
qu'une nouvelle race, appropriée aux circonstances où elle se trouve, est en réalité créée,
sans que jamais peut-être elle puisse revenir à
son type primitif; tout au moins, si les animaux

ont été maintenus longtemps en domesticité, comme c'est le cas pour la plupart des cochons d'Europe, le retour à cet ancien type procède-t-il avec une lenteur qui le rend imperceptible. Beaucoup de cochons importés dans l'Amérique méridionale par les Espagnols se sont échappés dans les forêts, où ils continuent à vivre en troupes et sans devenir des sangliers. Dans les forêts de la Suède et de la Norvége, où on les abandonne complétement à eux-mêmes, les cochons deviennent souvent nuisibles et dangereux quand on les rencontre; mais ils restent par bandes et sont faciles à distinguer de leur type primitif. Dans les Highlands du nord de l'Ecosse, les petits cochons sont presque élevés comme dans l'état sauvage; ils pâturent en toute liberté sur les coteaux, comme des troupeaux de moutons, et bien qu'ils prennent dans ces circonstances un certain aspect sauvage et bourru, jamais cependant ils ne ressemblent à de vrais sangliers. Ils vivent ensemble; le mâle suit la troupe et ne la quitte jamais pour se retirer dans sa bauge; ils sont un peu plus farouches et plus agiles que les races des pays moins élevés; mais jamais ils n'acquièrent la vivacité, la force et le courage de la race primitive.

« La physiologie ne donne pas de ces phénomènes une explication complétement satisfaisante; la plus vraisemblable toutefois paraît être la différence de nature et de quantité des aliments. Quand on fait passer un sanglier de l'état sauvage à l'état domestique, on lui donne ordinairement une profusion de nourriture qu'il eût été dans l'impossibilité de se procurer à l'état sauvage, et il en résulte l'agrandissement de certaines parties de son corps, qui occasionne nécessairement des modifications correspondantes dans quelques autres. Ainsi, un régime plus abondant nécessite l'agrandissement de l'estomac et du canal intestinal, par conséquent de toute la cavité abdominale, et cette modification entraîne l'allongement du dos et l'augmentation de capacité de la totalité du tronc. Pour supporter cette masse élargie, les membres doivent être plus éloignés les uns des autres. La sécrétion de la graisse augmentant dans une proportion plus forte que le poids des muscles et des os, il en résulte un affaiblissement notable des individus, qui sont moins vigoureux et moins agiles, et transmettent ces qualités à leurs descendants, de manière à en constituer une race permanente. » (*Hist. natur. agric. des animaux domestiques de la Grande-Bretagne.*) Notre auteur ajoute que cette influence du régime sur la forme extérieure et sur les mœurs n'est pas particulière à l'espèce porcine, et cite des faits analogues touchant les espèces bovine et ovine, les carnivores et les oiseaux; il conclut enfin en disant : « Si l'on prenait la forme comme base de classification, on pourrait dire que le porc domestique est spécifiquement différent du sanglier. » C'est alors qu'il recherche quel est le système de dentition, puis la constitution du rachis.

M. de Nathusius, après David Low, partage en grande partie la même opinion : « Il constate positivement, comme résultat de l'expérience générale et de ses propres essais, qu'une nourriture riche et abondante, donnée pendant la jeunesse, tend directement à élargir et à raccourcir la tête, tandis qu'une pauvre nourriture produit l'effet contraire. Il insiste beaucoup sur le fait que tous les porcs sauvages ou semidomestiques, en fouillant la terre avec leur groin pendant qu'ils sont jeunes, exercent fortement les muscles puissants qui s'attachent à la partie postérieure de la tête. Dans les races cultivées, il n'en est plus de même, et il en résulte une modification de la forme de la partie occipitale du crâne, qui entraîne des changements dans d'autres parties... Nous pouvons admettre qu'une nourriture substantielle et abondante, administrée continuellement pendant un grand nombre de générations, ait dû tendre à augmenter la taille du corps, tandis que, par défaut d'usage, les membres devaient devenir plus fins et plus courts... Il y a entre le crâne et les membres une corrélation évidente, de sorte que tout changement dans l'une de ces parties tend à affecter l'autre. Nathusius a fait l'observation intéressante que les formes particulières qu'affectent la tête et le corps des races fortement cultivées n'en caractérisent aucune spécialement, mais sont communes à toutes celles qui paraissent avoir atteint un degré égal d'amélioration. Ainsi les races anglaises à corps grand, oreilles longues et dos convexe, et les races chinoises à corps petit, oreilles courtes et dos concave, élevées les unes et les autres à un degré semblable de perfection, se ressemblent beaucoup par la forme du corps et de la tête... La nature de la nourriture a, au bout d'un grand nombre de générations, fini par affecter la longueur des intestins; car, d'après Cuvier, leur longueur est à celle du corps comme 9 à 1 dans le sanglier; dans le porc domestique, comme 13,5 à 1; et dans la race de Siam, comme 16 à 1. Dans cette dernière race, l'augmentation de la longueur peut être due, soit à la descendance d'une espèce distincte, soit à une domestication plus ancienne. » (DARWIN, *De la variation des animaux*, t. Ier, p. 76-78.)

Voici maintenant l'opinion d'un botaniste :

« Il est un fait positivement constaté, c'est que le sanglier et la truie domestique s'unissent et donnent naissance à des individus indéfiniment féconds. Non-seulement l'expérience en a été faite, mais encore elle a lieu d'elle-même dans les pays où l'on abandonne les porcs en

liberté dans les bois au moment de la maturité
des glands. En Algérie, où cette pratique existe,
les truies sont souvent fécondées par des sangliers, et les jeunes sujets qui en résultent ressemblent beaucoup aux sangliers et sont très-
rustiques. Ces animaux n'éprouvent donc aucune
répugnance à s'unir. Nous croyons dès lors pouvoir conclure que le sanglier est le type primitif
de notre cochon domestique, et que les différences qui les séparent sont l'effet de la domesticité. » (GODRON, *De l'espèce*, 2ᵉ édit., t. Iᵉʳ,
p. 375-376.) Or, on se rappelle que le sanglier
d'Algérie appartient, non au genre *Sus*, mais au
sous-genre *Chéropotame.*

Tous ces faits, encore une fois, ne sont pas
particuliers au porc; ils sont le résultat des lois
naturelles : tout organe qui cesse de servir
diminue ou même s'atrophie; les membres du
sanglier diminuent de longueur, la longueur de
corps du cochon semble s'augmenter relativement; la tête et le cou du sanglier travaillent
moins activement; ils se réduisent en longueur
et en volume; le tube digestif du porc recevant
une nourriture plus exclusivement végétale, plus
régulière, plus abondante que le sanglier, se
développe en longueur et en diamètre; le ventre
devient tombant, et paraît l'être d'autant plus
que les membres sont devenus plus courts; mais
en même temps, si le garrot s'abaisse, le sternum
descend, les côtes prennent de l'arcure, et le

thorax conserve l'ampleur indispensable aux aptitudes nouvelles. Quant aux oreilles, si l'on a pu considérer leur largeur et leur direction tombante, chez le mouton et la chèvre, comme un indice de domestication ancienne, il ne semble pas devoir en être de même chez le porc : nous les rencontrons bien, en général, plus ou moins larges et tombantes chez nos races indigènes de France, d'Angleterre et d'Allemagne, mais plus ou moins étroites et érigées dans les races Napolitaine et Chinoise, qui ne le leur cèdent en rien quant à l'ancienneté et à la perfection.

Il est certain que, les mêmes causes produisant les mêmes effets, on trouve encore aujourd'hui en Europe beaucoup de races pures qui se rapprochent notablement du sanglier par leur conformation, comme notre race commune, la race commune allemande et celle presque disparue de l'Angleterre, la race de Szalonta et celle Hongroise, la race Podolienne ou Bohême, etc. Il n'est pas moins vrai que nous rencontrons encore, sur quelques races appartenant à divers types, une livrée de jeunes gorets analogue à celle des marcassins (race Westphalienne, race Turque, race Siamoise); que, d'après M. Raulin, on retrouve la même particularité chez les gorets des porcs européens transportés et redevenus sauvages ou demi-sauvages à la Jamaïque, à la Nouvelle-Grenade, au Zambèze, etc. Si cette livrée des jeunes a dû disparaître par l'effet d'une domestication avancée, pourquoi se retrouve-t-elle dans la race Siamoise, tandis qu'elle ne se produit jamais dans la race Cochinchinoise? Pourquoi enfin ne la voyons-nous jamais se montrer dans nos races indigènes, en Europe, tandis qu'elle reparaît chez les mêmes races renvoyées à l'état sauvage?

Pour résumer cette dissertation déjà longue, plus intéressante, nous l'avouons, pour la zoologie que pour la zootechnie, mais dans laquelle nous avons cherché une fois de plus à convaincre les éleveurs de leur puissance à modifier les formes extérieures, par suite les organes internes et peut-être jusqu'au squelette lui-même, nous reconnaîtrons jusqu'à nouvel ordre deux types originaires auxquels nous rapporterons nos races domestiques :

1° L'un, le type européen, que nous inclinerions à supposer issu de notre sanglier, et auquel appartiendraient les races domestiques indigènes et pures de l'Europe et du nord de l'Afrique.

2° L'autre, le type asiatique, que quelques-uns regardent comme disparu et que M. de Nathusius rapproche d'après la forme de son crâne du *Sus Vittatus* de Java, que Darwin compare pour ses caractères crâniens essentiels aux races Napolitaine, Andalouse et Hongroise; et Rutimeyer, à la petite race suisse dite Bundinerschwein. Rutimeyer dit avoir constaté que le *Sus Scrofa Palustris* ou porc des Tourbières se rapproche des races orientales, et M. de Nathusius le classe dans ce groupe. Il est donc présumable, comme le dit Darwin, que « le *Sus Indicus* sauvage s'est autrefois étendu d'Europe en Chine, comme le *Sus Scrofa* s'étend actuellement d'Europe en Hindoustan. A moins, comme le pense Rutimeyer, qu'il ne puisse y avoir existé anciennement en Europe et dans l'Asie orientale une troisième espèce voisine. » (*De la variation,* t. Ier, p. 72.)

Nous voici donc en présence, dans l'espèce Porc, de deux types, l'un oriental, l'autre occidental, exactement comme dans l'espèce chevavaline; de même aussi, c'est le premier qui l'emporte en perfection sur le second et sert à son amélioration. Quant aux variations de composition que peut présenter le rachis, quant à la forme du crâne surtout, nous ne nous y arrêterons pas, convaincus que la domestication poussée plus ou moins loin, que le régime, que la sélection suffisent pour expliquer et produire ces modifications, celles de la tête surtout qui se présentent tous les jours sous nos yeux, dans les races de différentes espèces. Et si ces distinctions crâniologiques ont pu offrir un grand intérêt en paléontologie, elles nous semblent complétement inapplicables à l'étude de nos races actuelles qui ont subi des mélanges si multiples, et cela dans toutes les espèces; on peut faire, avec leur aide, de l'archéologie zoologique, mais non pas de la zootechnie moderne.

CHAPITRE III.

On a classé les races porcines d'après diverses données, et en prenant pour base certains caractères extérieurs extrêmement variables et fugaces, artificiels par conséquent et à peu près inutiles. On a classé :

1° D'après la taille, en 1° grandes et 2° petites races, comme si, dans toutes les espèces, la sélection et le régime ne pouvaient modifier la taille, et surtout la diminuer tout en augmentant le poids, ainsi que cela se voit dans les races améliorées.

2° D'après la direction de l'oreille, en 1° races à oreilles droites, 2° races à oreilles demi-tombantes, et 3° races à oreilles tombantes; et nous avons fait remarquer déjà l'incertitude de ce caractère qui rapproche du type sauvage nos races les plus améliorées.

3° D'après la couleur du pelage, 1° en races

à robe blanc jaunâtre zain, 2° races à robe pie noir ou noir pie, 3° races à robe noire.

D'après la taille, on classe parmi les grandes races celles : dite commune de France, d'Allemagne et d'Angleterre, Normande, Craonnaise, Yorkshire, Szalonta, Polonaise, Hongroise; dans les races moyennes, celles : dite Augeronne, Lorraine, Périgourdine, Bressanne, Napolitaine, Mangalicza, New-Leicester, Colleshill, Berckshire, Hampshire; Essex; parmi les petites races, celles dites Chinoise ou Cochinchinoise, de Siam, Middlessex, Windsor.

D'après la direction des oreilles, on les divise comme il suit : 1° à oreilles droites (Chinoise, Siamoise, Middlessex, Windsor, New-Leicester, Hampshire, Essex, Hongroise); 2° races à oreilles mi-droites, c'est-à-dire retombant vers la pointe et portées plus ou moins horizontalement (Commune, Lorraine, Périgourdine, Bressanne, Napolitaine, Berckshire, Szalonta, Mangalicza, Yorkshire); 3° races à oreilles pendantes et plus ou moins larges (Normande, Augeronne, Craonnaise, Polonaise).

D'après le pelage, enfin, on les divise en trois groupes : 1° à pelage blanc jaunâtre ou unicolore (races commune pure, Normande, Augeronne, Craonnaise, Lorraine); 2° races à pelage pie noir ou noir pie (races Périgourdine, Bressanne, etc.); 3° races à pelage noir (race Napolitaine, race Corse, etc.).

4° Quant à l'origine, M. Focillon (*Dictionn. génér. des sciences*) rapporte nos races porcines qu'il appelle naturelles, à quatre types, savoir : 1° les porcs à grandes oreilles, descendus du sanglier (*Sus Scrofa*) répandus en France et dans presque toute l'Europe (races Craonnaise, Normande, Charollaise, Bourguignonne, etc.); 2° le porc africain noir, que l'on trouve en Italie, où il est représenté par la race Napolitaine; 3° le porc à soies frisées, représenté par le cochon turc, et qu'on trouve en Pologne; 4° le porc indien, représenté par les races Chinoise, Tonquine, de Siam, etc. M. Sanson, qui ne s'occupe que de nos races françaises, les groupe sous trois types : 1° Celtique, comprenant toutes les races indigènes plus ou moins pures (Bourbonnaise, Bressane, Limousine, Périgourdine, Normande, etc.); 2° Napolitaine, Romanique ou Ibérienne (races de Malte, Corse, Espagnole, etc.); 3° enfin asiatique (races Chinoise, Cochinchinoise, Siamoise, Malaise, du Cap, etc.). Nous avons vu enfin que M. Baudement n'adoptait que deux types. Nous avons vu comment les divers zoologues répartissent entre les deux types *Sus Scrofa* et *Indicus* ces deux formes, ces deux *races géographiques,* comme le dit fort sensément Darwin, d'une même espèce, les différentes races domestiques [1]. C'est eux aussi que nous

[1] « Nous avons bonnes preuves que nos porcs appartiennent à deux types spécifiques au moins, les *S. Scrofa* et *Indicus,* qui

prendrons pour base de classification, en cherchant à procéder autant que possible selon la
logique probable des faits, puis en joignant aux
races indigènes plus ou moins pures ou très-
anciennement croisées celles issues d'un croisement tout moderne et bien avéré, et enfin les
variétés tératologiques qui se sont présentées et
se présentent parfois encore, et dont il serait
aisé de former des sous-races.

Est-ce une raison, parce que nous rapportons
toutes nos races à deux types, pour dire qu'il
n'y a que deux races? Nous ne le pensons pas.
Ce que l'on a appelé *espèce* en zoologie doit
tôt ou tard disparaître comme *espèce* pour n'être
plus qu'une *variété* dans le groupe; la zoologie
ne s'occupe guère des *sous-variétés* qui ne se
produisent que sous l'influence de l'homme, par
l'importation, la sélection, le régime, toutes
choses qui sont du domaine de la zootechnie et
non plus de la zoologie. Pour nous, ce sont les
sous-variétés zoologiques qui sont nos *races*. Et
ces races, *expression des circonstances au milieu
desquelles elles se sont produites,* ces races ont
leur raison d'être dans la pratique, parce qu'elles
répondent à certaines circonscriptions de territoire que caractérise un ensemble particulier de
circonstances agricoles. Quoi que puissent dire
et faire les zoologues, eussent-ils prouvé l'iden-

ont probablement vécu à l'état sauvage dans les parties du sud-
est de l'Europe. » (DARWIN, *De la variation,* t. II, p. 118.)

tité originaire de toutes nos races indigènes, ils ne pourront faire qu'elles ne diffèrent les unes des autres par certains caractères extérieurs, insignifiants peut-être pour eux, mais qui ont pour nous une plus grande importance dans la pratique et nous dirons même dans l'œuvre moderne d'amélioration. Il y a trois quarts de siècle qu'on a remplacé les anciennes provinces et leurs subdivisions par les départements : l'agriculture a t-elle cessé d'employer les diverses dénominations de Vexin, Beauce, Sologne, Brenne, Bresse, Gascogne, Merlerault, Gâtinais, Flandre, Berry? Nullement, parce que ces subdivisions avaient une base naturelle, géologique, agricole. Fondre toutes les races dans un, deux, trois, et même six types originaires, c'est faire œuvre de zoologie, mais non de zootechnie. D'un autre côté, il ne faut pas pousser jusqu'à l'absurde et appliquer le nom de race à de simples familles plus ou moins fixes, plus ou moins nombreuses, issues de mélanges plus ou moins récents, qui ne sont que des sous-races, des variétés ou des individualités.

Tels sont, nous ne dirons pas, les principes (on semble tendre à établir un beaucoup trop grand nombre de principes et de lois qu'on appelle naturelles), mais telles sont les considérations qui nous ont guidé dans le groupement que nous avons tenté d'établir parmi nos races porcines, d'après ce que nous croyons être la logique, et en nous fondant, tantôt sur les inductions historiques, tantôt sur l'aspect extérieur, d'autres fois sur l'appréciation de savants bien placés pour se former sur place une opinion. Hypothèse pour hypothèse, celle-ci en vaut bien une autre et nous semble du moins avoir un caractère de zootechnie pratique.

Nous reconnaîtrons d'abord, avec Filzinger et Baudement, deux types européens : l'un septentrional, appelé Celtique par M. Sanson, et d'où sont descendues, par le sanglier européen, leur ancêtre, toutes nos anciennes races pures à pelage blanc, à corps allongé et à membres longs; l'autre, Méridional ou Méditerranéen, que M. Sanson appelle Napolitain, M. de Nathusius Romanique, et que quelques-uns considèrent comme descendu du sanglier africain; puis un troisième type Indo-Chinois, que M. Sanson nomme Asiatique, et qui descend du sanglier du Japon. Toutes nos races domestiques descendent de ces trois types purs ou mélangés; malheureusement, la plupart des races européennes sont peu connues ou mal décrites; aussi ne parlerons-nous que des principales.

A. TYPE DE L'EUROPE SEPTENTRIONALE. — Robe blanche ou blanc jaunâtre; corps long; membres allongés; squelette grossier; oreilles généralement longues et tombantes, au moins par l'extrémité.

1° *Race Hongroise* (fig. 6). Une de nos plus anciennes races européennes, sans doute ; celle-ci habite actuellement la Hongrie, la Croatie, la Bosnie, la Serbie, la Bulgarie et la Moldo-Valachie. Peu d'autres se rapprochent autant de notre sanglier européen par son aspect et ses formes extérieures. Elle est d'assez fort poids, plutôt

Fig. 6. — Race Hongroise.

que de grande taille, le corps étant épais et les jambes relativement courtes. La tête est restée grosse, les yeux petits ; les oreilles grandes, droites, à pointes à peine retombantes ; les défenses prennent un grand développement ; le ventre est assez tombant ; le dos et les reins droits, courts, mais un peu saillants ; la cuisse assez développée ; le squelette moyennement fin. Le pelage varie du roux foncé en été au gris roux en hiver, parce que, à l'approche de cette dernière saison, entre ses soies rares et grossières, pousse une sorte de duvet laineux, fin et blanc jaunâtre.

Cette race, élevée au pâturage en nombreux troupeaux, est restée à demi sauvage. On lui reproche d'avoir la côte plate, le ventre volumineux, de fournir un lard mou, ce qui tient évidemment à un élevage insuffisant et à un régime défectueux d'engraissement. D'un autre côté, elle est sobre, rustique, et fournit une chair assez estimée. Elle possède, en somme, les défauts et les qualités du régime auquel elle est soumise, et pourrait aisément être améliorée.

Il est probable que la *race dite de Szalonta* (fig. 7) n'en est qu'une variété. Plus haute de taille que la Hongroise, elle n'atteint guère que le même poids, étant plus élevée sur jambes, étroite de poitrine, grêle de jambons, longue et osseuse. Sa tête est longue et étroite, et terminée par un groin très-effilé; ses oreilles, de moyennes largeur et longueur, sont à demi tombantes; son pelage est d'un roux fauve, et sa peau médiocrement garnie de soies assez fines. Elle habite la partie occidentale de la Hongrie, où elle vit à l'état demi-sauvage dans les forêts montagneuses; elle engraisse assez rapidement lorsqu'on améliore son régime; sa viande est très-estimée en Autriche, bien qu'elle soit un peu sèche.

La *race dite de Lemberg*, qui habite la Galicie autrichienne, pourrait bien avoir la même origine; elle est de haute taille, avec le corps aussi long qu'étroit; la tête longue et forte; les membres longs et volumineux; le squelette grossier; les oreilles assez étroites et tombantes; le pelage blanc; les soies longues, grosses et abondantes. Elle se rapproche, par la plupart de ses carac-

Fig. 7. — Race de Szalónta.

tères, de nos races communes de France et d'Angleterre.

2° *Race Podolienne.* Cette race, dite aussi Bohémienne, Polonaise, etc., n'est pas sans offrir les caractères d'une proche parenté avec la précédente. On en jugera par le développement de sa tête courte et grosse, la longueur de ses membres grossiers, l'arcure de son dos; ses oreilles, un peu plus larges, sont pendantes; sa robe est d'un jaune roux, avec une raie brune

sur le dos et les reins. Rapide à la marche, lente
à se développer, à la fois vorace et rustique, elle
se montre presque rebelle à l'engraissement et
ne donne qu'une viande médiocre. On en rencontre, sur quelques points, une famille améliorée, plus petite de taille, mais plus pesante, à
formes plus arrondies, plus précoce et plus apte
à l'engraissement.

3° La *race Westphalienne* ou Hanovrienne,
que l'on trouve dans l'ancienne province de
Westphalie, dans le Hanovre, le Brunswick et
une partie de l'Allemagne occidentale, a les
oreilles assez courtes et droites; les soies de
couleur rougeâtre; le dos arqué; le ventre
levretté; la tête grosse et longue. Elle est sobre
et médiocrement féconde; c'est une race de
forêts, dure à engraisser, mais donnant une
viande succulente et très-estimée en conserves,
surtout comme jambons. Élevée dans la forêt
Noire surtout, elle est, en grande partie, engraissée dans le duché de Bade; on la rencontre
en Alsace, dans les Vosges et jusque dans les
Ardennes. Les gorets de cette race portent la
livrée des marcassins (DARWIN, *De la variation*,
t. Ier, p. 81), comme ceux des races Turque et
Siamoise.

4° La *race commune* (fig. 8) des porcs de la
France, de l'Angleterre, de la Belgique, de la
Hollande, de l'Allemagne septentrionale, la
grande race blanche à oreilles tombantes, enfin,

est, à coup sûr, extrêmement ancienne, et tend à disparaître, ici par l'amélioration dans la reproduction et le régime, là par des croisements avec d'autres races modernes et mieux harmonisées avec nos besoins actuels. Elle n'existe plus en Angleterre ni en Écosse, mais on la retrouve

Fig. 8. — Vieille race anglaise.

en Irlande. Elle est encore trop nombreuse en France, mais elle disparaît rapidement dans la Néerlande.

Taillée pour la course dans les forêts ; douée de membres longs et solides, d'un corps allongé et étroit, à dos voûté, à ventre levretté, à tête longue et étroite, armée d'un groin puissant et portée au bout d'une encolure grêle, cette race représente bien l'influence des milieux qui l'ont produite ; elle est bien le résultat d'une nourriture insuffisante et mauvaise recueillie à grandes peines dans les marais, les pâturages, les chaumes, les landes ou les forêts, nourriture variable d'ailleurs en nature et en qualité, suivant les saisons : herbes, glands, racines ou grains. C'est bien là la race que les Éduens laissèrent vaguer dans leurs forêts, et des jambons de laquelle ils firent plus tard un si grand commerce avec l'Italie.

Son pelage est généralement blanc, sa peau épaisse et recouverte de soies grossières, longues et abondantes. Nous n'avons pas besoin de dire qu'elle est tardive dans son développement, mais il est juste d'ajouter qu'elle est douée d'un merveilleux appétit pour des aliments même médiocres, et qu'elle répond encore aux conditions culturales de quelques pays pauvres et arriérés, comme la Bretagne, le Morvan, une partie du Berry et du Bourbonnais. En France, on estime assez la viande de cette race, ses jambons surtout. Les femelles sont très-fécondes et excellentes laitières.

En Angleterre, il y avait, d'après David Low, une seconde race indigène habitant les Highlands et les îles d'Écosse ; elle était de petite taille, à oreilles droites, à dos arqué, à pelage brun foncé, à soies grossières et comme hérissées sur le col, le dos et les reins, ayant un peu l'aspect du sanglier sans en avoir les mœurs. Abandonnés au pâturage, sans aucun abri, sur les coteaux, les landes, les marais, le littoral, ces animaux fouillent les racines, broutent les algues, mangent selon l'occurrence des crustacés et des poissons, des œufs de gibier ou des agneaux nouveau-nés; ils font aussi de fréquentes incursions dans les terres cultivées, récoltant les pommes de terre ou les turneps et dévastant les céréales. C'est l'un des animaux de cette vieille race anglaise des comtés du centre que MM. Nicholson et Shiels ont représenté dans le travail de David Low (*Histoire naturelle agricole des animaux domestiques de l'Europe*) sous forme d'une truie au pelage pie-noir et aux oreilles larges et tombantes.

5° La *race Normande du Cotentin* est une de nos plus grandes et de nos plus fortes races indigènes; c'est la race commune, dès longtemps améliorée dans un pays riche. Toutefois, elle a conservé encore une tête trop volumineuse, bien qu'à chanfrein un peu camus; de longs membres dont les os sont trop gros et les muscles trop grêles; un corps trop long avec une ligne supérieure arquée, surtout dans la région des reins; la côte trop souvent plate; une peau épaisse, que recouvrent des soies blanches ou jaunâtres, mais longues, grosses et fournies; des oreilles larges, épaisses et tombantes. Son développement est tardif, mais sa viande bien entrelardée est d'excellente qualité; les femelles sont fécondes et très-bonnes nourrices. Elle ne

peut être économiquement soumise à l'engraissement avant l'âge de dix-huit mois à deux
ans, et consomme beaucoup de nourriture pour
atteindre à un poids donné ; il est vrai que ce
poids peut être considérable. Nous nous rappe-
lons avoir vu, durant le concours régional tenu
à Nancy, en 1862, dans une baraque de foire,
un porc Cotentin âgé de six ans et parvenu au
poids de 514 kilos ; étendu dans une charrette,
il eût été incapable de marcher ; on nous dit
qu'on le nourrissait alors exclusivement de lait.

6° La *race Craonnaise* (fig. 9) a pris ce nom de
celui de la petite ville de Craon, chef-lieu de
canton du département de la Mayenne, où elle se
trouve au plus grand état de pureté et de développement, quoique le canton de Cossé-le-Vivien,
dans le même département, puisse aujourd'hui
rivaliser avec celui de Craon, à cet égard. Cette
race habite les anciennes provinces du Maine,
de l'Anjou, de l'Angoumois et du Poitou ; elle
porte souvent les noms de races Mancelle, Angevine, Angoumoise, Poitevine, Vendéenue, etc.

Elle n'est pas sans de grandes ressemblances
avec la race Normande Cotentine, dans laquelle
elle a peut-être trouvé son origine, mais elle a
reçu un degré un peu plus élevé d'amélioration.
Elle est comme elle de grande taille, mais sa
tête est plus légère, avec le groin plus court et
le chanfrein droit ; ses oreilles ne sont pas plus
longues, mais notablement plus larges, et cou-

vrent complétement les yeux dans leur chute;
le corps est encore long, mais beaucoup plus
arrondi; les jambes sont plus courtes, plus
minces, mieux musclées à l'épaule et à la
cuisse; la peau est plus fine; les soies plus
rares, plus courtes, plus fines; la précocité

Fig. 9. — Race Craonnaise.

est un peu plus grande, mais la fécondité peut-
être un peu moindre; le développement est à
peu près terminé à quinze ou dix-huit mois, et
l'animal engraissé peut atteindre le poids vif de
150 à 200 kilogr.; en revanche, sa viande est
peut-être un peu moins estimée que celle de la
Cotentine par les consommateurs français.

B. Type de l'Europe méridionale ou type Méditerranéen. — Robe noire, soies rares et fines,

oreilles moyennes, étroites, pointues et portées horizontalement.

7° *Race Napolitaine* (fig. 10), Romanique ou Ibérienne. Cette race est d'origine fort ancienne dans presque tout le bassin de la Méditerranée : c'est celle dont parle Pline et qu'élevaient les Romains, notamment dans la Campine; c'est elle que l'on retrouve dans l'Italie méridionale et centrale, dans l'île de Malte et dans celles de Sicile, Corse et Sardaigne, en Espagne et aux îles Baléares; la sous-race de Malte et celle de la Corse sont plus petites, celle des îles Baléares plus grande que la race mère.

Celle-ci peut être classée parmi les races moyennes en poids, mais au dernier rang de celles-ci quant à la taille. Elle porte la robe complétement noire, avec la peau presque nue ou garnie seulement de quelques soies noires ou rousses, courtes et assez fines. Lorsque cette race est transportée dans le nord de l'Europe, le corps se couvre, après quelques générations, de soies semblables comme nombre, longueur et diamètre, à celles des autres races. La tête est longue, le front un peu étroit, le chanfrein légèrement camus, le groin allongé et assez fin; les oreilles étroites, assez minces, assez courtes, portées horizontalement et à peine tombantes de la pointe; le dos droit et long, ainsi que les membres; le squelette est assez fin; le développement assez précoce, l'aptitude à l'engraissement est grande, et la viande produite est extrêmement savoureuse; enfin, la fécondité et l'aptitude laitière des mères sont largement satisfaisantes. La race n'en possède pas moins, dans sa patrie, une grande rusticité; elle est élevée au pâturage en demi-liberté; mais trans-

Fig. 10. — Race Napolitaine.

portée sous des climats plus septentrionaux, elle se montre assez délicate.

La sous-race de l'île de Malte serait, selon M. Heuzé, plus fine que la race mère dite Napolitaine. La sous-race des îles Baléares nous offre « des animaux de moyenne taille et ne dépassant « pas le poids de 150 kilogr.; ils ont la peau noire, « couverte de rares soies de la même couleur; « leur caractère est paresseux et doux; on les « élève avec le plus grand soin dans ces îles, « dont ils constituent la plus fructueuse branche « d'exploitation ». (Dr SACC, *Journal d'agricul-*

ture pratique, 1866, t. II, p. 288.) La sous-race
de Corse se distingue, d'après M. Heuzé, par
une tête grosse, un museau pointu, mais peu
allongé, des oreilles courtes et droites; un cou
et des jambes courts; la poitrine large, le corps
arrondi et couvert de soies fines et rares. (*Le
Porc,* p. 47.) La sous-race Pyrénéenne que,
d'après le même auteur, on rencontre sur le
versant septentrional des monts Pyrénées, de
Port-Vendres à Bayonne, et notamment dans la
partie sud du département des Pyrénées-Orien-
tales, est également à robe noire, mais à corps
moins étoffé et moins arrondi, à chair moins
délicate que celle de la race Corse.

En résumé, le type Méditerranéen ou Ibérien
se rencontre à l'état de pureté, mais plus ou
moins modifié par le sol et l'élevage, en Italie,
en Grèce, dans les îles de la Méditerranée (Sardaigne, Sicile, Malte, Corse), en Espagne, en
Portugal et dans les départements français situés
sur la frontière espagnole.

C. Type Asiatique. — Taille petite, membres
courts et fins, squelette léger, tête courte à
chanfrein fortement camus; oreilles petites,
courtes, pointues, érigées; pelage blanc, noir
ou roux uniforme ou par taches, avec des soies
rares, fines et de la couleur de la peau qu'elles
surmontent.

8° La *race Siamoise* (fig. 11) peuple tout le

sud-est de l'Asie, comprenant l'empire birman, les royaumes de Cambodge, de Siam, d'Annam, c'est-à-dire l'Indo-Chine, la presqu'île de Malacca et les îles de la Malaisie (Sumatra, Bornéo, etc.). Elle a été importée au cap de Bonne-Espérance, en Guinée, dans l'Amérique du Sud, en Portugal, en Angleterre, en France et dans la plus grande partie de l'Europe.

Fig. 11. — Race Siamoise.

Le type Asiatique pur paraît être caractérisé dans la race Siamoise, à en juger surtout par la livrée que portent les jeunes. Elle est de très-petite taille, à jambes très-courtes et très-fines, et à formes très-arrondies. Tout son squelette est fin et léger, la tête, petite et courte, à front large, avec un chanfrein droit et court formant avec le front un angle presque droit; l'œil est petit, les oreilles courtes, étroites et érigées; le cou, court et musculeux; la poitrine, haute, cylindrique et longue; les reins, larges et courts; la croupe, large et ronde; le ventre, tombant; les membres, si courts que les tetines de la femelle traînent souvent sur le sol. Elle est très-précoce, très-féconde, et les truies sont bonnes nourrices. Très-apte à l'engraissement, elle fournit un lard abondant, mais manquant de fermeté, une viande tendre, juteuse, mais un peu sèche et péchant par la saveur. La robe est pie-noir ou noir-pie, mais les gorets portent, jusqu'à l'âge de deux ou trois mois, la livrée, c'est-à-dire des bandes noires longitudinales sur un fond roux ou gris jaunâtre. Brehm rapporte au sanglier Asiatique (*Sus Indicus*) l'origine de cette race, qui porte les différents noms de Siamoise, Tonquine, Malaise, race du Cap, etc.

La sous-race Chinoise ou Cochinchinoise, que Brehm fait descendre du sanglier du Japon (*Sus Leucomastix*), ne diffère guère de la précédente que par sa robe, qui est composée d'un mélange de taches plus ou moins larges, mais toujours de formes arrondies, de couleur noire, puis rousse, sur un fond blanc. Les gorets ne portent pas la livrée. On considère comme un indice de pureté le mélange des trois couleurs blanc, roux et noir dans la robe. Néanmoins, on distingue, dans cette sous-race, un grand nombre de variétés distinctes seulement par leur couleur.

Viborg dit que le porc chinois est tantôt noir

et tantôt gris foncé, quelquefois à bandes noires, rarement blanc. Parkinson décrit sept variétés principales, savoir : 1° la variété blanche, très-petite ou naine, atteignant à peine 40 kilogr. de poids vif après engraissement; 2° celle blanche à tête noire ou rousse, à oreilles plus longues et à front plus étroit que le type; 3° la grande variété noire, la plus grande de toutes, atteignant jusqu'à 250 kilogr. après engraissement; 4° la petite variété noire, à peine plus grande que la petite blanche; 5° la variété noire à face rousse, assez semblable à la blanche à tête noire ou rousse, mais plus rustique, plus prolifique, plus précoce, et atteignant un poids plus élevé que la petite race blanche; 6° la variété noire et blanche ou pie-noir, plus prolifique, mais moins apte à prendre la graisse que les précédentes; 7° enfin, la variété rousse, cuivrée ou bleue, de grande taille, mais un peu moins précoce.

La sous-race Chinoise, Cochinchinoïse ou Tonquine, comme la race Siamoise, sont de création fort ancienne et présentent au suprême degré les caractères indiquant la précocité, la puissance d'assimilation, le rendement élevé. Mais David Low leur reproche avec raison d'être moins hardies, moins prolifiques et moins bonnes laitières ou nourrices que nos races indigènes. « Les cochons importés de la Chine en Angle-« terre, ajoute-t-il, sont trop délicats et trop « sensibles au froid pour acquérir jamais une

« grande valeur économique; aussi conserve-
« t-on rarement la race à l'état de pureté; mais
« on a trouvé des avantages réels à la croiser avec
« les races indigènes, et, sous ce rapport, son
« introduction est une précieuse acquisition. »

D. Races issues de croisements; de croisements

[Fig. 12. — Race Flamande.

AVEC LE TYPE MÉRIDIONAL. — 9° La *race Lorraine,*
dite encore Flamande (fig. 12), Flandrine, Artésienne, Ardennaise, Picarde, Champenoise, Vos-
gienne, Alsacienne, etc., porte tantôt la robe
blanc jaunâtre, tantôt celle blanc grisâtre, mais
plus souvent encore la robe pie-noir, le noir disposé en une ou deux taches rondes et plus ou
moins étendues sur la tête, le cou, le dos, les
reins ou la croupe. Les oreilles sont larges et
demi-tombantes; la tête longue avec le groin

pointu, l'encolure bien musclée, les membres
assez longs et assez grossiers, mais les cuisses
bien musclées; la ligne du dos est souvent en-
sellée; la poitrine manque fréquemment d'ampleur et le corps de largeur. En un mot, c'est une
race qui n'a encore guère pratiqué que le régime
du pâturage et du parcours dans les bois. Si elle
est lente à se développer et médiocrement apte à
profiter d'un engraissement à l'étable, elle a au
moins l'avantage de convenir aux contrées fores-
tières, de se contenter du glandage et de fournir
une excellente viande qui justifie la réputation
de la charcuterie de Lorraine, et notamment de
ses jambons. Tandis que dans la Flandre, l'Artois
et la Picardie, on l'a récemment croisée avec les
petites races anglaises, on a tenu à peu près
généralement en Alsace et surtout en Lorraine
à la conserver pure.

10° La *race Périgourdine* (fig. 13), encore
appelée Limousine, Quercinoise, Marchoise,
Lauraguaise, Gasconne, etc., porte généralement la robe pie-noir, rarement blanche ou
noire; les éleveurs recherchent et conservent les
animaux qui ont le dos et les reins noirs, le cou,
la tête et la croupe blancs. Elle est de taille
moyenne, de formes assez arrondies; sa tête est
large au front, avec le chanfrein un peu camus et
le groin médiocrement allongé; les oreilles sont
de moyennes largeur et longueur et demi-tombantes; le squelette est relativement fin et léger.

Elle occupe en France une bande assez large, allant de l'ouest à l'est et composée des départements de la Dordogne, la Corrèze, la Haute-Vienne, la Creuse, le Puy-de-Dôme, l'Allier, la Loire, le Rhône, etc. ; elle a gagné vers le sud-ouest encore et s'est propagée dans le Lot, le Lot-et-Garonne, la Gironde, les Landes, le Gers,

Fig. 13. — Race Périgourdine.

l'Aude, l'Ariége, les Basses-Pyrénées, etc. Élevée le plus ordinairement au pâturage, elle supporte bien la marche et a les onglons durs; son développement est plus précoce que chez la plupart de nos races indigènes : adulte, elle s'engraisse assez facilement et fournit une viande entrelardée, tendre et savoureuse; les jambons renommés de Bayonne proviennent de la sous-race dite de montagne des Pyrénées ou du Lauraguais, sous-race plus grossière et moins bien nourrie que la race elle-même. L'élevage se fait généralement dans les pays de montagnes, et l'engraissement dans les pays de plaines. Les truies de cette race sont douées d'une assez grande fécondité et sont assez laitières. Elle approvisionne en assez forte proportion la charcuterie de Paris, et presque exclusivement celle du centre et du midi de la France. Elle a été souvent croisée avec la race Craonnaise et parfois avec les races améliorées de l'Angleterre.

Les sous-races dites des Pyrénées et Lauraguaise sont de robe noire, à soies plus rares et plus grossières; la sous-race Gasconne a le plus souvent la tête, le cou, les épaules et la croupe noirs, avec la partie centrale du corps blanche; la sous-race dite Navarine est haute et étroite de corps, avec le dos arqué et les membres très-longs.

11° La *race Bressane* (fig. 15), Bourbonnaise ou Charollaise (fig. 14), présente une certaine similitude avec la race Périgourdine; elle a pourtant le groin un peu plus allongé, les oreilles un peu plus étroites et moins tombantes, les membres un peu plus courts, le corps un peu plus rond, le dos un peu plus arqué; la robe est encore pie-noire, quelquefois toute blanche, rarement toute noire. Elle habite surtout la plaine de Bresse, dans les départements de l'Ain, de Saône-et-Loire et du Jura; l'élevage se fait surtout dans la plaine, et les gorets, précieux objet de vente, sont emmenés dans la montagne pour

Fig. 14. — Race Charollaise.

Fig. 15. — Race Bressane,

y être engraissés à l'âge de huit à quinze mois;

ils atteignent alors le poids vif de 100 à 150 kilogr. et fournissent une assez bonne viande pour
la consommation du ménage. L'élevage se fait
au pâturage, et l'engraissement avec des pommes
de terre, des betteraves et du maïs.

12° La *race d'Essex* (fig. 16) provient d'un
croisement de la race indigène de ce comté par

Fig. 16. — Race d'Essex.

la race Napolitaine d'abord, celle du Berkshire
ensuite, croisements aidés du régime et de la
sélection. W. Youatt (*On the pig*) nous révèle l'histoire de cette création : Lord Western, au commencement de ce siècle et durant un voyage en
Italie, acheta, entre Naples et Salerne, un couple,
verrat et truie, de race Napolitaine et les croisa
avec la race indigène de l'Essex, à robe blanche.
C'est en 1840 qu'il arriva à son but et put présenter, au concours de Cambridge, des animaux
de formes à peu près irréprochables et d'une

6

grande finesse. A la mort de lord Western, M. Fisher-Hobbs, propriétaire à Boxted-Lodge, acheta sa porcherie et ajouta dans la race du sang Berkshire, qui lui donna plus d'harmonie dans les formes et plus de précocité.

La race d'Essex a le pelage noir, les soies noires, assez courtes et rares; la tête est relativement courte avec le chanfrein droit et le groin pointu; les oreilles étroites, courtes et érigées; le col court, les épaules larges, le dos et les reins presque droits, la cuisse bien musclée, les membres courts et fins, le corps long et cylindrique. Cette race d'origine récente commence à se fixer et jouit d'une assez grande estime.

RACES ISSUES DU CROISEMEMT AVEC LE TYPE ASIATIQUE. — 13° La *race Augeronne* (fig. 17) n'est autre que la Normande Cotentine, améliorée dans la vallée d'Auge par un croisement Yorkshire selon toutes probabilités. L'Augeronne a la tête relativement petite, le chanfrein camus, le boutoir court et large; les oreilles très-larges et très-tombantes; la poitrine assez large, le col court et épais, le dos assez droit, la croupe trop arrondie; les membres assez courts et encore un peu grossiers; la robe est blanc jaunâtre, les soies médiocrement abondantes, longues et assez fines. Plus précoce et meilleure assimilatrice que la Cotentine, elle peut être engraissée dès l'âge

de dix à douze mois et atteindre alors le poids
vif de 200 kilogr. à quinze ou dix-huit mois.

Fig. 17. — Race Augeronne.

14° La *race du Yorkshire* (fig. 18) que l'on
trouve dans les comtés d'York, Lincoln et de

Lancastre, porte aussi le nom de race de Mand-
chester. Elle est de taille moyenne, à robe blanc
jaunâtre, avec des soies de même couleur, abondantes et médiocrement fines; son squelette est
de moyenne finesse, les membres encore un peu
longs et un peu grossiers; mais elle est rustique,
féconde, laitière, d'une précocité et d'une aptitude à l'engraissement moyennes. Elle provient
d'un croisement de la race indigène avec celle
déjà améliorée du Cumberland, et, un peu plus
tard, avec celle New-Leicester. Un croisement
poussé plus loin a fourni la variété dite York-
Cumberland. La grande race du Yorkshire ressemble beaucoup à notre Craonnaise, mais avec
des formes plus abrégées, plus arrondies, avec
un peu plus de précocité et d'aptitude à la graisse.

15° *Race du Suffolk.* — « Le comté de Suffolk
a été longtemps renommé pour la grande quantité de porcs qu'il envoyait sur les marchés de
Londres notamment, et la race blanche du Suffolk a joui de bonne heure d'une grande réputation. Cette race, néanmoins, a été croisée et
recroisée avec les Chinois, de manière à appro-
prier sa taille aux exigences des consommateurs. » (David Low.) Elle est de moyenne
taille; a la tête petite avec le groin court, les
mâchoires écartées avec les joues bien musclées;
les oreilles petites, fines, pointues, retombantes
du bout seulement; la poitrine large, haute et
longue avec les côtes bien arrondies; le garrot

large, le dos et les reins droits, la cuisse tombant bien sur le jarret; les membres courts et
fins avec le corps allongé; le squelette léger; sa
robe est le blanc jaunâtre avec des soies de
même couleur, assez courtes, fines et rares.

16° La *race du New-Leicester* (fig. 19), dont
le nom n'est pas même prononcé par David Low,
provient de la race indigène du comté de Leices-
ter que Backwell améliora par elle-même et qui
reçut alors le nom de race de Dishley. Après la
mort de ce célèbre éleveur (1795), la race
Siamoise, faisant son apparition en Angleterre,
y offrit aux éleveurs le type qu'ils recherchaient,
trop petit et trop délicat pour qu'on songeât à
le multiplier dans sa pureté, mais admirable-
ment propre à communiquer aux moyennes et
aux petites races indigènes une partie de ses
qualités, dans le croisement duquel sortit la
race appelée aujourd'hui race du New-Leicester.

Cette race, introduite pour la première fois
en France par M. Yvart, vers 1833, est de
moyenne taille en hauteur, mais de formes
larges, cylindriques, avec toutes les extrémités
aussi fines que courtes, et peut atteindre, à un
an, jusqu'au poids de 200 kilogr., après
engraissement. Sa tête est courte, avec le front
large; le chanfrein très-camus; le groin étroit et
pointu, les oreilles courtes, étroites et dressées;
les jambes très-courtes et très-déliées, la queue
courte, fine et souvent contournée sur elle-

mêmn. A l'engraissement, le lard s'accumule

Fig. 18. — Race Yorkshire.

Fig. 19. — Race New-Leicester.

sous la peau en une couche épaisse; les yeux,

déjà petits, sont presque recouverts par la graisse qui s'accumule aussi dans les joues et les rend pendantes. L'animal gras et bien réussi présente l'aspect d'un cylindre d'une régularité presque parfaite, même en avant, et que déparent à peine quatre membres devenus inutiles.

Le New-Leicester est très-précoce et peut être livré à l'engraissement dès l'âge de huit mois et à la boucherie dès celui d'un an. Sa viande, très-estimée en Angleterre, pour sa finesse et sa tendreté, l'est beaucoup moins en France, où l'on préfère la chair entrelardée et moins grasse. Sa fécondité laisse à désirer aussi, tant dans le mâle que dans la femelle, où la stérilité absolue n'est pas très-rare, à cause d'une obésité précoce et difficile à éviter. Enfin, on lui reproche encore d'être d'une constitution délicate et de ne fournir que de médiocres nourrices. Elle est caractérisée par la couleur blanche, la peau rosée, les soies rares et fines. Adoptée par un grand nombre d'éleveurs anglais, elle a été améliorée encore ou modifiée par eux en quelques points de peu d'importance, et a pris dès lors un grand nombre de vocables différents : Middlesex, Colleshill, Windsor, Manchester, Randall, Woburn, Derby, Nottingham, Bushey, Folkington, Bedford, Oxford, Radnord, etc., bien que ce soit toujours à peu près la même.

La sous-race du Middlesex (fig. 20), formée
vers 1840 et introduite en France par M. le capitaine Gunter, qui la regarde comme la petite sous-
race perfectionnée de la race du Yorkshire, ne
diffère du New-Leicester que par sa taille un
peu plus petite et intermédiaire avec celle de la
Siamoise. Elle porte également la robe blanche
et a une haute dose de sang asiatique. Sur son
origine et son authenticité, M. Jacques Valserres
a fait en 1865, à l'occasion du concours régional du Mans, la curieuse révélation suivante, à
laquelle il n'a jamais été fait de réponse, que
nous sachions, du moins : « J'ai nommé le
Middlesex, et je voudrais savoir si cette pré-
tendue race existe réellement en Angleterre. Je
réponds non. Le Middlesex, appellation fabri-
quée par M. Pavy (propriétaire éleveur à Girardet, Indre-et-Loire), n'était primitivement qu'un
New-Leicester. M. Pavy avait acheté les premiers
types de sa porcherie chez le capitaine Gunter,
dont l'établissement était alors situé dans un
faubourg de Londres, sur le comté de Middlesex; or, M. Pavy imagina d'appeler ses
porcs des Middlesex, qualification acceptée
sans résistance du public. Mais il ne doit pas
être permis à un éleveur de changer le nom
d'une race uniquement dans le but de satisfaire
son amour-propre. Au reste, les élèves de
M. Pavy, qui pouvaient être des New-Leicester
purs lorsqu'ils ont été introduits à Girardet, ont

depuis subi divers croisements. C'est ce qui explique à la fois, et le succès de cette porcherie dès l'origine, et les revers que, depuis, elle a éprouvés. » Et voici M. Robiou de la Tréhonnais qui, en 1880, écrit en rendant compte du concours de boucherie de Paris : « J'ai sur-

Fig. 20. — Race Middlesex.

tout beaucoup admiré une bande de petite race blanche à laquelle l'exposant, M. Noblet, donne le nom de Middlesex, je ne sais trop pourquoi, car c'est à un célèbre éleveur du Yorkshire, M. Wiley, que l'on doit l'origine de cette petite race blanche, tout aussi Yorkshire que la grande. » (*Journal de l'agriculture,* 21 février 1880, n° 567, page 299.)

La sous-race de Coleshill a été formée succes-

sivement par lord Ducie, par sir Richard Goord
et par le comte de Radnor, à l'aide du croisement Siamois. Elle a été introduite en France
en 1849, par M. Lefèvre de Sainte-Marie, alors
inspecteur général de l'agriculture. Elle ne
diffère du New-Leicester que par sa taille un
peu plus forte, sa tête plus courte encore relativement, ses soies plus abondantes et plus grossières. Elle est un peu plus rustique, mais un
peu moins précoce, sans être plus prolifique;
aussi semble-t-elle perdre dans l'estime des éleveurs anglais à mesure que marche l'amélioration des autres races.

La sous-râce de Windsor proviendrait, d'après
M. Heuzé, de croisements exécutés entre 1846
et 1854, sur les fermes royales du prince Albert,
au moyen des races York-Cumberland, York,
Bedfordshire, Suffolk et Yorkshire, obtenues
elles-mêmes par des doses plus ou moins fortes
de sang chinois. Le Windsor est un peu plus
petit que le New-Leicester, blanc et à peau rose
comme lui. Issue d'un récent métissage, elle
offre peu de constance dans sa reproduction.

17° La *race Turque* ou de Mongolitz est de
taille un peu au-dessous de la moyenne, de
formes arrondies; la tête est assez large, mais
courte, avec le groin effilé; les membres sont
assez brefs et d'ossature assez légère. Son
pelage est blanc jaunâtre; ses soies abondantes,
d'une assez grande finesse relative, frisées ou

crépues et laineuses. Les animaux de cette race,
que l'on rencontre quelquefois sur les marchés
de Paris, semblent avoir conservé un certain
reste de sauvagerie et de férocité.

Cette race, importée en Hongrie, en 1833,
par le prince Milosch, alors régnant sur la Ser-

Fig. 31. — Race de Mangalicza.

bie, et placée par lui dans son domaine de Kis-
Jenoc, y a produit la sous-race dite de Mangalicza (fig. 21). Elle est de taille moyenne, à corps
allongé, mais assez cylindrique, à tête de moyenne
longueur, avec les oreilles horizontales et à pointe
rigide, à ventre assez soutenu, à robe blanc jaunâtre, à membres de longueur et de finesse
moyennes; les soies sont à la fois épaisses, grossières et crépues. Elle est moins tardive que la
Hongroise et la Szalonta, et d'une aptitude plus

marquée à l'engraissement; mais sa viande
paraît jouir d'une moindre estime.

RACES ISSUES DU CROISEMENT AVEC LES DEUX TYPES
MÉRIDIONAL ET ASIATIQUE. — 18° La *race du Hamp-*

Fig. 22. — Race Hampshire.

shire (fig. 22) « était très-renommée par sa
grande taille et son aptitude à donner du lard »,
dit David Low; mais, à la fin du siècle dernier,
les grandes races tombèrent en défaveur, et la
race indigène du Hampshire fut croisée avec les
races Suffolk, Essex, Siamoise, New-Leicester et
du Berkshire, c'est-à-dire qu'on mélangea dans
ses veines le sang des types Chinois et Napolitain. Elle porte la robe pie-noir avec des soies
assez abondantes et un peu grossières; elle est
de taille moyenne; elle a la tête courte et le

chanfrein un peu camus ; les oreilles petites et dressées ; elle pèche un peu par la ligne du dos et les jambons. Douée d'un tempérament robuste, elle se montre relativement rustique ; moins précoce que les petites races, elle est beaucoup plus féconde ; moins prompte à l'engrais, elle fournit une viande excellente, entrelardée, savoureuse

Fig. 23. — Race Berkshire.

et parfaite pour des consommateurs français. Elle a été importée d'Angleterre en France en 1836, à l'École d'agriculture de Grignon, par MM. Ruinard de Brimont et Bella père.

19° La *race du Berkshire,* à peine différente de la précédente, a été obtenue par les mêmes moyens : croisement de la race indigène par les races Siamoise et Napolitaine. C'est à Lord Barrington que furent dus les premiers essais d'amélioration, continués en 1829 par M. Sherrard. Elle ne diffère guère du Hampshire que par l'ap-

7

parition fréquente, dans sa robe, de soies d'un jaune rougeâtre, ressouvenir de la race indigène qui forma sa souche, et par une conformation plus harmonieuse. Elle a été également introduite à Grignon, où on l'a préférée au Hampshire et où on la multiplie encore aujourd'hui. Elle réunit, en effet, toutes les qualités que peuvent rechercher nos éleveurs français, sans aucun des défauts inhérents aux races ultra-perfectionnées de l'Angleterre.

Viborg parle d'une race anglaise de Kostright, ou porc de Nobles, ainsi nommée de son créateur, qui l'obtint par le croisement du porc chinois avec le porc devenu sauvage dans l'Amérique septentrionale, et à cause de la délicatesse et de la sapidité de sa viande, qui la faisaient rechercher des gens riches et gourmets. Cette race avait, d'après notre auteur, la hure courte et pointue ; le museau faiblement implanté ; la nuque bien garnie de soies ; les oreilles petites, courtes et dressées ; le cou épais et très-saillant par en bas ; le corps allongé ; les jambes courtes ; la croupe large et arrondie ; les jambons larges ; la taille petite. Elle avait beaucoup de conformités avec le porc de Siam ou de Sainte-Hélène, si ce n'est qu'elle était blanche et mieux conformée. Ce croisement nous paraît être analogue à celui pratiqué en France, surtout le long du littoral normand, pour satisfaire à l'approvisionnement en salaisons de la marine, et qu'on appelle Tonquins.

Le même Erik Viborg, qui était professeur à l'école vétérinaire de Copenhague, et publia la première édition de son *Mémoire sur le porc* en 1805, c'est-à-dire à l'époque où l'on commençait en Angleterre à croiser les races indigènes avec celles Siamoise et Napolitaine, Viborg donc parle aussi d'une race de M. Witt, éleveur, qui avait opéré un croisement et obtenu une famille plus grande que celle de Kostright, très-féconde, précoce, très-apte à prendre la graisse et donnant un fort rendement.

Parmi les races anglaises, David Low cite encore brièvement, mais sans les décrire, celles de Northampton, du Shropshire et de Rudgwich; cette dernière, originaire d'un village de ce nom, situé sur les limites du Surrey et du Sussex, produisait les plus grands cochons de toute l'Angleterre, et peut-être du monde entier. Ces trois races semblent avoir aujourd'hui disparu.

C'est encore Viborg qui nous renseigne sur deux races indigènes du Danemark. L'une, la race du Jutland, paraît appartenir au type commun (sanglier); elle est de grande taille; a le corps allongé; le dos un peu voûté; les oreilles longues, larges et demi-tombantes; les membres longs; d'un développement tardif, elle pèse vif, à deux ans, de 100 à 160 kilogr.; mais sa viande est très-estimée. L'autre, la race de Séeland, est petite; elle a les oreilles relevées; le corps court; le dos fortement garni de soies; engraissée à

deux ans, elle pèse de 50 à 75 kilogr.; plus tard,
elle peut rendre 80 à 120 kilogr. de viande.
Cette race, sans doute déjà améliorée par un
croisement, ne pouvait longtemps répondre aux
besoins modernes; aussi l'ouvrage récent de
M. Tisserand, inspecteur, puis directeur général
de l'agriculture (*Etudes économiques sur le Danemark*, 1865), nous apprend que les deux races
Jutlandaise et Séelandaise ont été croisées avec
celles Anglaises d'York et surtout de New-Leicester.

D'après MM. D. Tyerman et G. Bennett, il
aurait existé, il n'y a pas très-longtemps, dans
les îles centrales du Pacifique, une race singu-
lière qu'ils ont décrite (1821-1829). Elle était
petite, bossue ; à tête disproportionnellement
longue ; à oreilles courtes et tournées en arrière ;
à queue touffue, longue de deux pouces, et qui,
par son mode d'insertion, paraissait sortir du
dos. Elle a, d'après eux, disparu complétement,
cinquante ans après l'introduction dans ces îles
des porcs européens et chinois, à la suite de
croisements répétés avec ces formes nouvelles.
(DARWIN, *De la variation*, t. Iᵉʳ, p. 74, 75.)

Telles sont à peu près les seules races de
l'espèce porcine sur lesquelles nous possédions
des renseignements à peu près suffisants. Et un
fait à remarquer, c'est que, soit qu'on accorde à
cette espèce moins d'importance qu'aux autres,
soit qu'on les considère comme éminemment et

rapidement modifiables, les races de porcs domestiques ont été beaucoup moins soigneusement et moins généralement étudiées et décrites.

Passons maintenant à quelques particularités,
à quelques cas de variation que présente parfois
l'espèce du porc domestique : nous voulons par-
ler du porc à sabot plein, du porc à pendeloques
et enfin du porc à deux jambes.

Viborg avait déjà dit : « Le porc, qui, plus
« que les autres animaux, est sujet à naître avec
« des difformités, présente très-fréquemment
« celle-ci, que les deux ongles des pieds anté-
« rieurs sont joints ensemble et n'en forment
« qu'un. Ces porcs, qu'on désigne sous le nom
« de solipèdes ou monodactyles, ont pourtant
« aussi deux onglets accessoires, et c'est très-mal
« à propos qu'on les a pris pour une dégénéra-
« tion de notre porc domestique. En examinant
« même avec attention les pieds de ces soi-disant
« solipèdes, on trouve qu'il faudrait plutôt les
« appeler Pentadactyles ou à cinq ongles. »

Plus récemment, M. Darwin ajoutait sur le
même sujet : « Depuis Aristote jusqu'à nos jours,
« on a incidemment observé, dans diverses par-
« ties du monde, des porcs à sabot plein. Quoique
« cette particularité soit fortement héréditaire, il
« est peu probable que tous les animaux qui l'ont
« offerte soient descendus des mêmes ancêtres,
« mais plutôt qu'elle aura apparu en divers lieux
« et époques. Le docteur Struthers a dernière-

« ment décrit et figuré la conformation de ces
« pieds; dans ceux de devant et de derrière, les
« phalanges des deux grands doigts sont repré-
« sentées par une phalange unique, grosse et
« ensabotée; dans les pieds de devant, les pha-
« langes médianes sont représentées par un os
« dont l'extrémité inférieure est unique, mais
« dont l'extrémité supérieure porte deux articu-
« lations distinctes. D'autres rapports indiquent
« quelquefois l'existence d'un doigt surnumé-
« raire. »

Enfin, nous lisons dans le *Jardin d'acclimatation illustré,* de M. P. A. Pichot (Paris, 1873),
les lignes suivantes : « Aristote, puis Linnée,
« avaient signalé l'existence d'un cochon solipède
« ou monongulé, c'est-à-dire ayant les pinces qui
« constituent son pied fourchu réunies dans une
« même gaîne. Cette curieuse variété, peu connue
« des modernes, vient d'être retrouvée à l'île de
« Cuba, par M. Julio Alfonso de Aldama, où elle
« existait en assez grande abondance, et nous
« espérons, grâce à ce voyageur si zélé pour
« tout ce qui concerne l'histoire naturelle, la
« voir figurer bientôt dans nos collections. »

Qu'on ait, dans certaines localités, reproduit
héréditairement dans une famille plus ou moins
nombreuse cette variation tératologique, cela est
fort possible; mais elle se reproduit de temps en
temps, isolément, dans les races normales, ainsi
que le prouvent les lignes suivantes, que nous

trouvons, à la date du 20 janvier 1875 et sous la signature de M. Haury, de Prague, dans le journal *l'Acclimatation* : « A Winsheim (Bavière), un boucher « vient de tuer un porc solipède dont les deux « ongles étaient soudés ensemble, le pied ayant « tout l'aspect d'un pied de cheval. » Quelle peut être la source de cette anomalie? On l'ignore, et Darwin lui-même n'ayant osé l'attribuer à un fait de retour vers une espèce ascendante, nous n'essayerons pas d'être plus hardi.

Depuis un temps très-reculé, des individualités ou des familles de porcs domestiques ont présenté cette particularité assez bizarre de pendeloques ou excroissances en forme de gouttes, placées sous la gorge. Les Grecs donnaient à ces animaux le nom de Krokis, et les Romains celui de Lacinia. Ce sont ces mêmes appendices que les artistes grecs et romains attachaient au cou de leurs Faunes et de leurs Satyres, afin d'indiquer leurs penchants voluptueux, lorsqu'ils les représentaient sans cornes. En 1842, M. Eudes Deslongchamps publiait (*Mémoires de la Société linnéenne de Normandie,* V^e série, t. VII) un mémoire sur cette particularité. En 1852, M. A. Goubaux insérait dans le *Recueil de médecine vétérinaire* (p. 335) une note sur des corps qui sont appendus à l'extrémité inférieure du cou des chèvres, des moutons et des porcs. Il avait trouvé un de ces appendices sur un porc qui avait servi aux opérations chirurgicales de l'École d'Alfort, en 1851; il était situé sur le côté gauche. Il en avait encore constaté plusieurs cas dans les porcs d'un troupeau à Béni, près Laon (Aisne).

« Ces appendices, dit Darwin, sont toujours « attachés au même endroit, aux angles de la « mâchoire; ils sont cylindriques, longs de trois « pouces (0^m,0762), couverts de soies et présen-

Fig. 24. — Porc irlandais à pendeloques.

« tant un pinceau de soies sortant d'une cavité « latérale; ils ont un centre cartilagineux, avec « deux petits muscles longitudinaux, et se trou- « vent, tantôt symétriquement des deux côtés à « la fois, tantôt d'un seul. Richardson les figure « sur l'ancien porc maigre irlandais, et Nathusius « constate qu'ils apparaissent parfois chez les « races à longues oreilles, mais ne sont pas « strictement héréditaires, car, dans une même

« portée, ils peuvent exister sur des individus et
« manquer à d'autres. Comme on ne connaît
« de pareils appendices chez aucune race sau-
« vage, nous n'avons, jusqu'à présent, aucune
« raison pour les attribuer à un effet de retour,
« ce qui nous oblige d'admettre que certaines
« structures complexes, quoique inutiles en
« apparence, peuvent apparaître subitement sans
« l'aide de la sélection. Ceci jettera peut-être
« quelque jour sur l'apparition de ces hideuses
« protubérances charnues, d'ailleurs de nature
« toute différente des appendices ci-dessus men-
« tionnés, qui se développent sur les joues du
« *Phacochœrus Africanus.* » (*De la variation,*
t. Ier, p. 80, 81.)

En dernier lieu, ajoutons que le colonel Hallam
a décrit (*Proc. zool. Soc.,* 1833, p. 16) une
race, ou plutôt une famille de porcs à deux
jambes, chez laquelle les membres postérieurs
faisaient complétement défaut, particularité qui
se transmit pendant trois générations (DARWIN).
Enfin, il n'est pas très-rare de voir le groin du
porc s'allonger de façon à simuler une trompe
plus ou moins monstrueuse, que Darwin juge,
vu la position qu'occupe cet animal dans la série
des mammifères, pouvoir attribuer, avec une certaine apparence de raison, à un fait de retour.

Les diverses races porcines se distinguent,
comme on l'a pu voir, par leur taille en hauteur,
la longueur de leur corps, la largeur de leurs

formes, la couleur de la peau et des soies, la
longueur, l'abondance et la finesse de ces dernières.

La taille en hauteur varie selon le climat, la
nature et la richesse du sol, la qualité et la régularité de l'alimentation, suivant enfin le type et
la race dont est issu l'animal; il en est de même
dans toutes nos races d'animaux domestiques.
Ce n'est pas que la quantité, la qualité et la régularité des aliments distribués élèvent la taille en
hauteur, au contraire; le développement du
corps se fait alors surtout en largeur; ce n'est
pas que la haute taille résulte non plus de l'insuffisance ou de l'irrégularité dans la nourriture,
mais bien de l'exercice pris dans le jeune âge,
pour assurer l'alimentation, de la marche assidue et prolongée, qui développe les membres en
longueur, comme l'action de fouiller le sol développe la longueur et l'épaisseur de la tête et la
longueur du col. Nos races indigènes issues du
type sanglier et non améliorées sont en général
de haute taille, ainsi que les anciennes races de
l'Angleterre; tandis que les races asiatiques, soit
par le fait du type dont elles dérivent, soit par
celui d'une domestication très-ancienne et d'un
élevage très-intensif, sont en général de petite et
même de très-petite taille. Il en est de même
quant à la longueur du corps caractéristique des
races indigènes, tandis que sa brièveté est l'apa-
nage des races améliorées; et encore faut-il tenir

compte de la dimension relative en longueur des deux cavités thoracique et abdominale, la première prédominant dans les races perfectionnées, la seconde, au contraire, dans celles communes.

Le sanglier et les races qui en dérivent directement sont construits à peu près sur le même plan que le cheval de vitesse, le cerf, la gazelle, les animaux sauvages enfin, qui, privés de puissantes armes offensives, doivent surtout compter sur leurs jambes pour fuir le danger : membres longs et solides, corps étroit, tête allongée. La domestication héréditaire, la stabulation permanente, le régime régulier, la nourriture abondante et condensée, la sélection enfin, atténuent le squelette, abrégent et affinent les extrémités, élargissent toutes les formes osseuses et musculaires. Le croisement aidé de l'alimentation produit plus rapidement encore le même résultat.

La robe brune ou noire du sanglier est devenue jaunâtre par la domestication et la sélection sans doute; jusqu'à la fin du siècle dernier, presque toutes nos races indigènes portaient la robe blanc jaunâtre, si nous en exceptons celle du Midi en qui apparaissait le pelage pie-noir en suite du croisement italien ou espagnol; dans le Nord-Ouest, le Centre et l'Est, cette robe pie ne se montra qu'un peu plus tard, résultat du croisement par le siamois ou le chinois. Nous avons vu que les races Hongroise, Podolienne, l'ancienne race du Berkshire, etc., portaient la robe à peine pâlie du sanglier ; ajoutons que les gorrets des races Turque, Wesphalienne, Siamoise et de plusieurs autres sans doute, portent, comme le type primitif, la livrée à raies noires ou brunes sur fond jaune ou roux.

De même que la domestication a pu et dû modifier le pelage du porc sauvage, de même le retour du porc domestique à la vie sauvage peut modifier sa robe de diverses manières ; ainsi, les porcs redevenus sauvages (marrons), à la Jamaïque, d'après M. Gosse, et ceux à demi sauvages de la Nouvelle-Grenade, d'après M. Roulin, les porcs noirs aussi bien que ceux qui sont noirs avec une bande blanche sous le ventre se réunissant communément sur le dos, ont repris le caractère primitif et produisent des jeunes portant une livrée de lignes fauves, comme les marcassins. Le même cas s'est présenté, suivant sir Livingstone, chez les porcs abandonnés dans l'établissement de Zambèze, sur la côte d'Afrique. Dans les Indes orientales, l'Amérique du Sud et les îles Falkland, où les porcs sont à l'état marron, ils ont partout repris le pelage foncé, les fortes soies et les crocs du sanglier ; les jeunes revêtent également la livrée du marcassin, avec ses raies longitudinales. Mais M. Roulin a remarqué que ceux qu'on rencontre demi-sauvages dans diverses parties de l'Amérique du Sud, diffèrent sous plusieurs rapports. Dans la Louisiane, au rapport de M. Dureau de a Malle, le porc marron diffère un peu par sa forme et beaucoup par sa couleur, de l'animal domestique, sans toutefois ressembler de très-près au sanglier européen. Aussi ce voyageur croit-il pouvoir affirmer que ces animaux ne descendent pas du *Sus Scrofa Ferus*. L'amiral Sullivan, qui a eu occasion d'observer les porcs sauvages dans l'îlot Eagle des Falklands, dit qu'ils ressemblent à des sangliers à gros crocs (défenses) et ont le dos couvert de soies. D'un autre côté, à en croire Rengger, les porcs redevenus sauvages, dans la province de Buenos-Ayres, n'ont pas fait retour au type sauvage (Darwin). Enfin, chez les porcs comme chez les moutons, le climat extrême, chaud ou froid, modifie le système pileux; dans les contrées tropicales, le duvet disparaît, les soies deviennent beaucoup plus rares; dans les régions froides, sur les hauts plateaux des Andes, les sangliers acquièrent une sorte de laine grossière. (De Quatrefages, *l'Espèce humaine*, Germer Baillière, 1877, p. 38.)

Les modifications apportées au type primitif par la domestication ne se sont pas bornées au pelage; elles ont porté sur tout le squelette et tout particulièrement sur celui de la tête. « L'extérieur du crâne entier a été altéré dans toutes « ses parties, dit Darwin, traduisant M. de Nathu- « sius. La face postérieure, au lieu de s'incliner « en arrière, est dirigée en avant, ce qui entraîne « beaucoup de changements dans d'autres parties

« Le devant de la tête (chanfrein) est fortement
« concave; les orbites ont une forme différente;
« le méat auditif, une direction et un aspect
« autres; les incisives opposées des mâchoires
« supérieure et inférieure ne se rencontrent pas
« et restent, dans l'une et l'autre mâchoire, au-
« dessus du plan des molaires; les canines de la
« mâchoire supérieure sont en face de celles de
« l'inférieure, anomalie remarquable; les faces
« articulaires des condyles occipitaux sont si
« fortement modifiées quant à leurs formes,
« qu'aucun naturaliste, voyant cette partie essen-
« tielle du crâne séparée du reste, ne pourrait
« supposer quelle ait appartenu au genre *Sus*.
« Ces modifications, ainsi que quelques autres,
« ne peuvent guère être considérées comme des
« monstruosités, parce qu'elles ne sont pas nui-
« sibles et sont strictement héréditaires. L'en-
« semble de la tête est fort raccourci. En effet,
« le rapport de la longueur de la tête à celle
« du corps étant, dans les races communes,
« comme 1 est à 6, il devient, dans les races
« améliorées, comme 1 est à 9 et même comme 1
« est à 11. D'un autre côté, M. de Blainville, à
« propos de deux crânes de porcs domestiques
« envoyés de Patagonie par M. Alcide d'Orbigny,
« remarque qu'ils ont la crête occipitale du
« sanglier européen, mais que du reste, dans
« son ensemble, leur tête est plus courte et plus
« ramassée. A propos de la peau d'un porc rede-

« venu sauvage, de l'Amérique du Nord, il dit
« qu'il ressemble tout à fait à un petit sanglier,
« mais qu'il est presque tout noir, et peut-
« être un peu plus ramassé dans ses formes. »
(DARWIN.)

Puisque nous avons parlé un peu plus haut
de la couleur du pelage des porcs, nous ne pouvons omettre de mentionner deux faits assez
curieux qui demanderaient confirmation et que
Darwin considère, surtout le second, comme
une sorte de sélection naturelle. « D'après Spi-
nola et d'autres, dit-il, le sarrasin (*Polygonum
fagopyrum*), lorsqu'il est en fleur, est fort nuisible aux porcs blancs ou tachés de cette couleur, s'ils sont exposés au soleil, mais n'a
aucune action sur les porcs noirs. » D'autres
auteurs italiens prétendent que, dans l'obscu-
rité, on peut tirer des étincelles électriques des
soies du porc noir lorsqu'il a été nourri de sarrasin coupé en vert. Nous savons aussi, et par
expérience directe, que les moutons blancs
nourris avec ce même sarrasin en vert sont
infailliblement atteints d'ophthalmie avec tumé-
faction des paupières et larmoiement, mais nous
ignorons si les moutons noirs sont soustraits à
cet accident.

Le docteur Wyman, étonné de trouver que
tous les porcs d'une partie de la Virginie étaient
noirs, apprit que ces animaux se nourrissaient
des racines du *Lachnantes tinctoria* qui colore

leurs os en rose et occasionne la chute des
sabots chez tous les porcs qui ne sont pas noirs.
De là l'obligation pour les colons de n'élever
que les individus noirs de la portée, parce qu'ils
ont seuls des chances de vivre. Par ailleurs, dans
le Tarentin, les habitants n'élèvent que des
moutons noirs, parce que l'*Hypericum crispum,*
qui y est abondant, tue les moutons blancs au
bout d'une quinzaine de jours; leur tête enfle,
leur laine tombe, et ils périssent souvent, tandis
que cette plante n'exerce aucune action sur les
moutons noirs, d'après le docteur Heusinger.
(Darwin.) Lecce objecte que cet hypericum n'est
vénéneux que lorsqu'il a crû dans les marais,
ce qui est possible; mais en admettant même
que le milieu paludéen fût la véritable cause
plutôt que la plante seule, il n'en serait pas
moins intéressant de constater l'immunité des
animaux à robe noire.

Ajoutons, pour terminer, que nulle espèce
parmi nos animaux domestiques ne nous paraît
plus facilement et plus promptement modifiable
que celle du porc, à cause de son appétit insatiable et de sa puissance d'assimilation, de la
précocité et de la rapidité de sa reproduction, qui
déterminent une multiplication inouïe et une
sélection aisée.

CHAPITRE IV.

MOEURS DU PORC SAUVAGE ET DOMESTIQUE.

Nous avons déjà dit les mœurs du sanglier vivant en liberté ; étudions maintenant celles du même animal devenu captif et du porc domestique dans nos fermes.

Le sanglier mâle est doué d'un singulier instinct qui le porte à chercher à détruire ses propres petits à leur naissance, non pas sans doute, et ainsi que le dit David Low, comme s'il voulait prévenir une trop grande multiplication de son espèce, mais bien plutôt afin de pouvoir reprendre plus tôt possession de sa femelle : semblables faits se produisent chez le lapin, le chat, etc., et ne sont point particuliers au sanglier ni au verrat. La femelle, connaissant le danger que court sa progéniture, s'éloigne et se cache aux approches du part et pendant environ les deux mois qui suivent; ce n'est guère qu'alors qu'elle peut ramener ses petits à la bauge commune, où le père et la mère leur donneront en commun l'éducation première.

Le sanglier pris jeune, encore marcassin, est facilement domesticable; un peu de patience suffit, jointe à la douceur, pour l'apprivoiser et le rendre aussi doux, aussi tranquille que les porcs au milieu desquels il vit et avec lesquels il se croise sans aucune répugnance.

Il n'est pas jusqu'au sanglier à masque (*Sus Larvatus*) qui ne montre les mêmes dispositions à se rallier à l'homme. Arnold Vosmaër, garde du cabinet et de la ménagerie du stathouder des Pays-Bas, à la Haye, put observer un individu de cette espèce, envoyé en cadeau vers 1760, par Tulbagh, gouverneur du cap de Bonne-Espérance, au stathouder prince d'Orange. « Il était « doux, excepté lorsque quelque chose l'irritait; « alors, ses gardiens craignaient de l'approcher; « mais, hors cette circonstance, chaque fois que « l'on ouvrait sa cage, il en sortait sans donner « aucune marque de colère, courait, bondissant « gaiement ou furetant pour trouver quelque « nourriture; il prenait avidement tout ce qu'on « lui présentait. Il aimait à être caressé et était « enchanté quand on le frottait avec une brosse « rude. Quelquefois, la queue levée, il s'amusait, « pendant des heures entières, à poursuivre les « daims et d'autres animaux. Un jour qu'on « l'avait laissé seul dans sa cour pendant quelques « instants, les gardiens, à leur retour, le trouvèrent « occupé à creuser la terre; il avait déjà fait une « grande excavation au-dessus d'une rigole qu'il

« avait sans doute l'intention d'atteindre. Ce ne
« fut que par les efforts de plusieurs hommes
« que l'on parvint à lui faire abandonner son
« entreprise, et il en exprima son chagrin et son
« mécontentement par des cris aigus et lamen-
« tables. » (Brehm.) Sparmann dit aussi avoir
vu deux sangliers de cette espèce parfaitement
apprivoisés, chez un fermier de la province de
Lange-Kloof; ils se mettaient à genoux pour
brouter l'herbe et quittaient cette position
pour se mettre debout avec la plus grande facilité.

A l'état sauvage ou demi-sauvage, le sanglier
est principalement herbivore et se nourrit de fruits
(glands, faînes, châtaignes, etc.), de baies, de
racines et d'herbes; parfois de vers ou de larves
qu'il rencontre dans la terre, le tout, suivant les
saisons : l'herbe au printemps, les fruits et baies
en automne, les racines surtout en hiver. Aussi
a-t-il été muni d'un puissant engin destiné à
fouiller profondément le sol, le groin. Sa tête a
la forme d'un coin terminé à sa pointe par un
disque cartilagineux, très-fort, bien pourvu de
nerfs qui en font un organe sensible et où viennent aussi s'attacher des muscles puissants fixés
en arrière sur le crâne et l'énorme protubérance
occipitale, enfin sur les hautes et fortes tubé-
rosités des vertèbres cervicales; nous savons déjà
que ce groin renferme un os spécial, dit os du
boutoir; que le cou est court et très-musclé; les

yeux petits et enfoncés pour risquer moins d'être
offensés par les broussailles.

Lorsqu'on domestique le sanglier, il devient
omnivore comme le porc, et l'ensemble de sa
conformation se modifie avec son régime et dans
la même proportion.

Le porc domestique n'est pas moins éducable
que le sanglier. Je ne sais plus où j'ai lu que
Louis XI, dans sa vieillesse, ne manquait pas
d'appeler auprès de lui, sitôt qu'il se sentait
envahi par un accès de mélancolie ou de remords,
un certain bateleur qui faisait danser devant lui
quatre petits porcs dont les contorsions rappe-
laient un peu de sérénité dans l'esprit du Roi. Ce
qui est bien avéré, c'est la finesse de l'odorat
chez cet animal; aussi l'a-t-on souvent dressé à
la chasse pour remplacer le chien et arrêter le
gibier. Dans le Périgord, on l'emploie encore
aujourd'hui à la recherche des truffes : chaque
rabastein ou caveur de truffes possède un porc
dressé qu'il fait promener dans les bois où il
espère trouver le précieux cryptogame aimé non
moins du pachyderme que de l'homme. Guidé
par son odorat et attiré par le subtil parfum, la
bête aux larges oreilles s'arrête, puis s'apprête
à fouir : c'est une truffière. Le caveur s'empresse
de modérer l'ardeur de son fidèle acolyte, d'un
léger coup de gaule appliqué sur le groin, et lui
abandonne, en échange, quelques viles châtaignes; pendant que l'inventeur les engloutira,

l'exploiteur piochera avidement le sol et recueil-
lera le mets appété des riches citadins, le fon-
dement capital de la diplomatie, d'après je ne
sais plus quel illustre ambassadeur. Qui eût ici
pensé à l'intervention du porc?

Le reproche tout à l'heure adressé au sanglier
à l'encontre de sa progéniture ne va pas moins
sûrement à l'adresse du verrat; mais, dans la
domestication, mâles et femelles étant généralement séparés, le danger disparaît de ce côté. Il
est vrai que la truie se montre souvent moins
bonne mère que la laie et que, véritable marâtre,
elle dévore parfois ses petits en totalité ou en partie, croquant ici un gorret, là un membre ou une
queue. Est-ce, comme on se l'est demandé, per-
version morale, redoublement d'appétit, instinct
ou dépravation? Nous ne le pensons pas. Remarquons d'abord que la truie n'a pas le monopole
de cette anormale cruauté; nous l'avons signalée
déjà dans la lapine, et on la retrouverait sans doute
chez les femelles de plusieurs espèces multipares
vivant à l'état sauvage ou domestique [1]. Nous
croyons pouvoir plus sûrement l'attribuer à une
fièvre intense qui suit un part laborieux et long,
à une soif impérieuse que la mère tente d'apaiser
dans le sang de ses nouveau-nés, et nous pen-

---

[1] *Précis pratique de l'élevage des lapins, lièvres et léporides
en garenne et en clapier,* par A. GOBIN, p. 85, Paris, 1874,
librairie NICLAUS, LEBROC et Cie, successeurs, in-18 jésus avec
38 gravures; prix : 2 francs.

sons qu'on éviterait ce crime et qu'on économiserait cette perte en tenant à portée de la nouvelle accouchée un vase contenant de l'eau tiède.

Plus le porc est rapproché de l'état de nature, et plus il a conservé l'instinct de fouir le sol; les porcs nourris au dehors bouleversent tous les pâturages et portent grands dommages aux plantations. Dans les races améliorées par une longue et héréditaire stabulation, par la sélection et le régime, cet instinct est bien diminué, mais il persiste encore; il est vrai pourtant que le groin beaucoup plus court, plus effilé, moins puissant, atténué enfin par un défaut prolongé d'usage, est devenu un instrument beaucoup moins actif et dommageable. Néanmoins, nous aurons à dire plus loin comment on peut réprimer cet instinct destructeur des murs et des barrières, en rendant douloureux pour l'animal cet acte mécanique.

On a fait du porc, sous le nom vulgaire de cochon, un type de malpropreté, de gloutonnerie, de paresse, de férocité même. Aucun de ces reproches ne nous semble fondé, et la simple observation des faits suffira, nous l'espérons, pour en laver et blanchir notre précieux auxiliaire.

Ainsi que le sanglier, le porc aime à se souiller, à se vautrer dans les mares, les fossés; il recherche les lieux humides pour s'y rouler et s'y enfouir : « Ce n'est pas la malpropreté et la « boue qu'il aime, dit avec juste raison M. de « Dampierre, c'est l'eau qui semble comme indis-

« pensable à sa santé et qu'on n'a jamais soin
« de lui fournir. Entre la boue et l'eau, il n'hési-
« terait pas ; mais faute d'eau, il prend la boue,
« parce qu'il lui faut de l'humidité et que le con-
« tact de la saleté importe peu à son cuir épais.
« Le porc est nageur excellent, et il se plaît si
« bien dans l'eau la plus profonde qu'on a peine
« à l'en faire sortir quand une fois il y est. Si les
« porcs, souvent, ont peur d'entrer dans une
« mare, une rivière, c'est que c'est pour eux
« l'inconnu ; mais une fois qu'ils y ont touché,
« ils y reviennent avec une passion qui est l'indice
« bien évident de leur penchant. » Rien à ajouter
à cette réhabilitation : le porc aime l'eau comme
les autres grands pachydermes, l'hippopotame,
le rhinocéros, le tapir, l'éléphant lui-même ; il
se souille dans la boue parce qu'on ne lui donne
pas d'eau pure pour se laver, de même que l'âne
se roule dans la poussière parce qu'on ne veut
point prendre la peine de l'étriller. Ce porc, si
sale, est le seul de nos animaux domestiques qui
dépose exclusivement dans un coin, toujours le
même, de sa boxe, les excréments dont les autres
souillent toute leur litière, faisant ainsi preuve
de plus de propreté que le lapin, le chien et le
cheval.

Le porc est gourmand, disons le mot, il est
goinfre, oui, et Dieu merci ! c'est là sa qualité
pour nous ; omnivore, doué d'un vaste appétit
que seconde une immense faculté digestive, il

engloutit tout ce qu'il trouve, même les jeunes
enfants qu'on a l'imprudence de laisser à sa portée : viandes vivantes et fraîches, viandes mortes
et corrompues, crues ou cuites, saines ou malades, fourrages verts, fruits, graines, grains,
farines, tourteaux, racines, débris de tous genres, tout lui est bon; il fait la police du globe,
c'est dans sa destinée sociale, et il convertit une
masse énorme d'immondices en une viande
savoureuse, en une graisse onctueuse, base des
pommades rendues les plus odorantes. Il est
paresseux, dites-vous, parce qu'il dort après un
bon et copieux repas, parce qu'il ne marche
point tant que la faim ne le force pas à se mettre
en quête de son prochain souper. Oui, il est
paresseux à l'instar du boa qui digère un buffle,
du voluptueux obèse qui se lève d'une som-
ptueuse table; ne nous en plaignons pas, il se
repose, il dort pour notre plus grand profit.

Le verrat devient méchant avec l'âge, c'est
vrai encore, mais il n'est pas le seul que les
années rendent acariâtre, grognon, de relations
difficiles. Et le taureau, et l'étalon, et l'homme
lui-même! L'espèce a bien peut-être sur la con-
science d'avoir dévoré quelques enfants abandonnés dans un berceau posé à terre, en une
chambre ouverte à tout venant! Mais à qui la
faute? A la mère du baby ou au porc? A défaut
de celui-ci, ne pouvait-il passer par là un chien
enragé ou non, des rats affamés, un chat, un

loup? Et est-ce coutume prudente d'abandonner sans surveillance de jeunes enfants que leurs frères plus âgés font si souvent griller en se jouant d'un paquet d'allumettes chimiques!

Nous ne voudrions pas tourner au dithyrambe et moins encore au paradoxe. Nous pensons pourtant que, pour l'homme de bon sens, ces reproches adressés au porc sont autant d'éloges.

Le porc est propre, car il n'aime rien tant que les bains d'eau pure et la litière fraîche; il est glouton et paresseux, parce que la nature l'a fait tel pour notre plus grand avantage; il est un de nos plus recommandables producteurs de viande; les paysans l'appellent souvent un bienfaiteur posthume. Grimod de la Reynière le nommait l'animal encyclopédique par excellence, et Ch. Monselet le qualifie d'animal roi, cher ange! Enfin, en regard de quelques pauvres enfants qu'il a pu dévorer inconsciemment, placez le nombre des infanticides clandestins dont il a fourni à la justice les indices révélateurs, puis jugez!

CHAPITRE V.

Les organes reproducteurs du porc mâle ne diffèrent de ceux analogues dans les autres mammifères que par des différences peu importantes : les testicules sont relativement volumineux, placés dans la région périnéale, ovoïdes, peu détachés ; la queue de l'épididyme est volumineuse ; le canal spermatique n'offre pas de renflement pelvien ; les vésicules séminales ou les organes glandulaires qui les représentent, comme chez les ruminants, sont proportionnellement très-développés ; la prostate enveloppe complétement l'urèthre près du col de la vessie, se montre un peu aplatie de haut en bas et relativement très-grande ; les glandes de Cowper, très-développées aussi et très-celluleuses, versent leur produit dans un canal efférent unique qui débouche dans l'urèthre ; le fourreau est étroit et très-allongé, et présente une poche prépuciale signalée par Hering, étudiée par Lacauchie et qui verse dans le fourreau un liquide onctueux d'odeur spéciale et désagréable, qui se mêle à l'urine; la pointe du pénis, dans l'état de flaccidité, est contournée en tire-bouchon; le gland est très-petit, et le pénis, en état d'érection, est terminé en bec.

Les organes génitaux de la truie présentent aussi quelques particularités peu importantes, si on les compare à ceux des autres femelles mammifères; la vulve est petite et plissée, la commissure inférieure terminée en pointe; le vagin, très-court, se confond presque avec l'utérus; celui-ci n'a pas de col saillant dans le vagin, son corps est court, mais ses cornes, très-longues, présentent de nombreuses circonvolutions et se continuent sans limite apparente avec les trompes utérines; ces dernières sont longues, contournées, et se terminent par des pavillons larges et très-évasés; les ovaires, assez librement suspendus dans la cavité abdominale, petits et aplatis, présentent un aspect lobulé qui rappelle la grappe ovarienne des oiseaux; les vésicules de Graaf sont saillantes et comme implantées à la surface des ovaires qu'elles rendent comme bossuées; enfin les mamelles sont disposées sur deux rangées latérales depuis la région inguinale jusqu'à celle sternale, chaque rangée comprenant cinq ou six glandes dont chacune a son mamelon et son canal galactophore; aussi divise-t-on ces mamelons en inguinaux, en abdominaux et en pectoraux.

Le porc mâle ne peut et ne doit être admis à la reproduction que lorsque, par son développement et son âge, il y est devenu apte, son sperme contenant alors seulement les spermatozoaires indispensables. Or, cette époque varie selon que la race est petite et précoce, ou grande et tardive, que les animaux ont été élevés à un régime plus ou moins abondant et choisi; on ne peut donc déterminer à cet égard que des minima relatifs, de 10 mois à 18. Quant aux maxima, ils sont limités tant par l'état d'obésité que prennent les verrats avec l'âge, que par la méchanceté qui se développe chez eux dans une proportion identique. N'était cela, le verrat resterait apte à la fécondation, selon la race, jusqu'à 6 à 10 ans au moins.

La truie motive des considérations analogues, en ce sens que lorsqu'elle appartient à une race précoce, elle peut être admise à la reproduction dès l'âge de 9 à 10 mois, tandis que pour celle de race tardive, on doit attendre l'âge de 15 à 16 mois. La gestation prématurée des femelles qui n'ont point achevé encore le développement de leur squelette, tend à abaisser encore la taille de la race, à accroître la précocité, mais aussi développe le lymphatisme et diminue la fécondité. Ce n'est que dans une certaine mesure que l'homme peut violer les lois naturelles, et ces mesures, on les a souvent dépassées dans l'amélioration de nos races porcines.

Pour que la reproduction puisse s'opérer, il faut que deux conditions se trouvent réunies dans les reproducteurs : le rut dans le mâle et la chaleur dans la femelle. Le verrat, de même que l'étalon, le taureau, le bélier et, en général, les mâles de nos espèces domestiquées, est toujours prêt, en toute saison, à entrer en rut, ce qu'il manifeste, à la vue de la femelle, par de fréquents mouvements des mâchoires et la bave écumeuse qui s'en échappe. Il n'en est pas de même chez la truie, dont la première chaleur apparaît, selon la race, entre l'âge de 5 à 9 mois, pour se renouveler ensuite, si elle n'a point été fécondée, à intervalles de 20 à 30 jours. Ces chaleurs, dont la durée varie de 6 à 36 heures, se manifestent par une diminution d'appétit, par l'inquiétude de l'animal qui lève souvent la tête, comme pour recueillir les bruits et les effluves du mâle, qui grogne presque constamment, saute sur ses compagnes, écume de la bouche et montre une vulve tuméfiée et rougeâtre.

Comme, ainsi que nous le verrons plus loin, il est important d'avoir la date exacte des fécondations afin de surveiller le part, il est rare que, même dans le régime du parcours, on envoie le verrat aux pâturages avec les truies ; il est presque toujours soumis au régime de la stabulation permanente, et ne sort de sa loge que pour exécuter la saillie.

La truie ayant été reconnue en chaleur, on

l'amène dans un petit enclos sablé plutôt que
pavé ou dallé, de cinq à six mètres carrés au
plus, présentant une légère pente et où on aduit
le verrat, laissant ainsi les deux animaux en
liberté. L'accouplement ne tarde pas à s'opérer,
accompagné de grognements lamentables et qui
laisseraient croire que l'on égorge l'un des deux
conjoints; il dure longtemps, de cinq à vingt
minutes; l'éjaculation est lente, le sperme abondant, de consistance grumeleuse et presque
solide. Si l'on ne sépare les deux époux, l'accouplement se renouvelle peu après et dure encore
un temps au moins égal. S'il est prudent, durant
ce temps, de surveiller les animaux, il faut éloi-
gner de leurs alentours tout ce qui pourrait les
alarmer, les personnes, les chiens, les autres
porcs, etc.

Un verrat adulte de nos races françaises
(2 à 5 ans) suffit pour pourvoir à tous les besoins
reproducteurs d'une porcherie comprenant
30 truies ; un verrat adulte des races précoces ou
améliorées (18 mois à 2 ans et demi) ne peut
suffire à plus de vingt mères. Dans chaque
groupe, plus l'animal est jeune, et moins il faut
lui demander de saillies ; pour les animaux de tous
deux, des suppléments en nourriture excitante
doivent être donnés, en dehors de la ration ordinaire, en raison du nombre des saillies effectuées.

L'espèce porcine est douée d'une fécondité
merveilleuse; si la loi générale est que le nombre

des portées annuelles d'abord, puis celui des petits par portée est, en raison inverse de la taille ou du poids, le porc semble mieux doué que n'importe quel autre animal. Ainsi, tandis que les grands mammifères (éléphant, rhinocéros, hippopotame, chameau, etc.) ne font qu'une portée au plus par an, d'un seul petit; les moyens (jument, ânesse, vache), une portée d'un ou deux; le loup, une portée de 5 à 10 petits; le chien domestique, une ou deux portées de 5 à 10; le lièvre, 4 à 5 portées de 1 à 2 petits chacune; le lapin sauvage, 4 à 5 portées de 4 à 10 petits chaque; le cobaye ou cochon d'Inde, 6 à 8 portées de 5 à 10 petits; le campagnol ou souris de terre, 8 à 9 portées de 5 à 7; le surmulot ou rat gris, 4 à 5 portées de 8 à 19 petits, le porc, qui pèse en moyenne au moins autant que quatre chiens, ou 50 lapins sauvages ou 100 surmulots, fait deux portées et même plus par an, de 12 à 14 petits chacune, ce dernier chiffre étant celui du nombre maximum de ses tetines [1]. Et, comme si le fait en lui-même n'était pas suffisamment merveilleux dans sa réalité, voilà les statisticiens partant en... calculs et supputant ce que pour-

---

[1] David Low, j'ignore d'après quels faits, a écrit : « La truie donne fréquemment naissance à quinze, vingt, et même quelquefois jusqu'à trente petits à la fois, quoiqu'elle n'ait pas un nombre de mamelles suffisant pour en allaiter un si grand nombre. Elle a comparativement une grande longévité, car elle atteint l'âge de vingt ans et plus..... etc. » (*Hist. nat. agric. des anim. domest. : le Porc*, p. 10.)

rait donner une truie dont on élèverait tous les produits femelles durant un temps déterminé ; c'est l'illustre ingénieur Vauban qui a compté qu'à 5 portées en deux ans et à 12 petits par portée, on aurait à la dixième génération 6,434,838 porcs (plus que la population porcine actuelle de la France), qu'à la douzième génération, on aurait un chiffre égal à celui des porcs de toute l'Europe, et à la seizième génération, de quoi peupler le globe entier. Tout cela est fait par le savant économiste à excellente intention, à coup sûr ; c'est de même que Ch. Fourier conseillait à l'Angleterre d'amortir sa dette publique au moyen des œufs de ses poules ; c'est ainsi qu'on nous affirmait récemment qu'un seul puceron lanigère, né au printemps, laissait à l'automne une progéniture directe ou indirecte de dix quintillions d'individus nés en dix générations successives, à quoi il faudrait ajouter encore la génération ovipare ; et qu'un phylloxera produit, de la même façon et dans le même temps, 25 à 30 millions de phylloxeras, ce qui serait déjà plus que suffisant. Par bonheur, ces calculs ne sont que des jeux de l'esprit ; les lois naturelles limitent strictement la multiplication des diverses espèces, en vue de maintenir l'équilibre nécessaire entre les mangeurs et les mangés, le règne végétal et le règne animal ; et quand cet équilibre se trouve rompu, c'est que l'homme est intervenu avec son ignorance et son imprévoyance accoutumées : la lutte pour la vie, les saisons et les météores, les maladies et les parasites, élaguent tout luxe de développement, limitent toute pullulation extravagante.

Il n'en est pas moins vrai que le verrat et la truie font preuve, presque toujours, d'une fécondité individuelle qui souffre peu d'exceptions ; quand l'accouplement s'est accompli en liberté, durant le temps voulu, entre animaux d'âge convenable, en rut et en chaleur, la fécondation est presque toujours assurée. Elle n'est pourtant pas constamment suivie de la disparition des chaleurs chez la femelle, qui, dans la première période de gestation surtout, se prête parfois à des accouplements subséquents, lorsqu'on la laisse vaguer en liberté avec le verrat; mais ce sont là autant de causes d'avortement.

La truie faisant communément deux portées par an, les chaleurs étant assez aisées à déterminer chez elle par le rapprochement du mâle et par un régime stimulant, l'éleveur peut facilement déterminer l'époque de la saillie en vue d'une époque déterminée de part et d'élevage qui lui promette de plus grands bénéfices, selon l'industrie qu'il pratique, les débouchés qui lui sont ouverts, l'abondance momentanée de tel ou tel aliment économique. La durée de la gestation étant d'environ quatre mois, la période d'allaitement de six semaines à deux mois et demi, l'âge adulte variant suivant les races, il est

aisé de calculer l'époque la plus convenable de
la mise bas selon les conditions déterminées.

Lorsque les gorrets doivent être élevés à la
glandée, dans les forêts, on fait saillir les mères
en décembre ou janvier pour obtenir les gorrets
en mars ou avril; si ceux-ci appartiennent à une
race un peu précoce, ils sont bons à vendre eu
octobre ou novembre pour être engraissés durant
l'hiver. Là où on dispose de résidus de féculerie,
amidonnerie, brasserie, etc., on fait surtout
naître en septembre ou octobre pour vendre les
élèves au printemps. Quand on veut utiliser
d'abondantes eaux de vaisselle, des résidus de
laiterie ou de fromagerie, on peut faire naître
toute l'année et vendre à 10 ou 12 mois. Dans
d'autres contrées, où les gorrets se vendent à
deux mois, en avril et mai, on fait saillir en
octobre ou novembre. Il est bon de savoir pourtant que les naissances du commencement de
l'hiver réussissent moins bien que celles des
autres saisons, soit parce que les mères reçoivent
alors une alimentation moins favorable à la production du lait, soit parce que les gorrets redoutent beaucoup le froid et que les porcheries
ne sont pas aménagées de façon assez confortable.

La fécondation, on le sait, résulte du contact
des spermatozoaires avec les ovules, parvenus à
maturité et conduits par l'oviducte jusque dans
les cornes de l'utérus où s'opère le contact. A

partir de ce moment, l'œuf grossit, se développe, s'entoure de quatre membranes (placenta, chorion, allantoïde et amnios) dont la première sert à établir les rapports circulatoires avec la mère; elle est formée d'une expansion de tubercules villeux analogues à ceux qu'on rencontre sur les solipèdes; la seconde, qui a servi à la formation de la précédente, forme un sac allongé dont les deux extrémités se mettent en rapport avec les enveloppes des fœtus voisins, car chacun d'eux est entouré de ses quatre membranes propres; la troisième contient un liquide provenant en partie de la sécrétion des reins du fœtus; enfin la quatrième, la plus interne, renferme un liquide dont l'abondance varie avec les diverses phases de la gestation.

De même que chaque fœtus a ses enveloppes spéciales, il a aussi un cordon ombilical distinct, partant de son ombilic, traversant l'amnios et se perdant dans le placenta de la mère; ce cordon se compose de la veine ombilicale née dans le placenta fœtal, qui porte au fœtus le sang hématosé par le contact du sang de sa mère; des deux artères ombilicales qui ramènent le sang veineux du fœtus dans le placenta utérin où il va subir l'hématose; de l'ouraque, canal naissant dans la vessie du fœtus, franchissant l'anneau ombilical, s'évasant ensuite en infundibulum le long du cordon ombilical, puis venant s'ouvrir, entre l'amnios et le chorion, pour former l'allantoïde ; il sert au déversement de l'urine du fœtus dans ce dernier sac.

C'est pendant la 3ᵉ ou 4ᵉ semaine après la fécondation, qu'on voit apparaître les premières traces de l'embryon, et vers le 32ᵉ jour, on y distingue les membres, la tête et le tronc, et il mesure alors, en moyenne, 5 millimètres de longueur ; de la 4ᵉ à la 6ᵉ semaine, sa longueur est déjà de 45 à 50 millimètres ; de la 6ᵉ à la 8ᵉ, de 81 millimètres ; de la 8ᵉ à la 10ᵉ, de 130 à 140 millimètres ; de la 11ᵉ à la 15ᵉ, 180 à 190 millimètres ; enfin de la 15ᵉ à la 17ᵉ, c'est-à-dire jusqu'à la mise bas, cette longueur atteint de 240 à 275 millimètres. Le poids moyen, au moment de la naissance, varie de 1 kilogr. à 1 kilogr. 500, suivant la race, ceux de race indigène tendant vers le maximum, ceux de race améliorée, vers le minimum. Cet accroissement, bien entendu, ne peut s'opérer qu'aux dépens de la substance propre de la mère ou à l'aide des aliments qu'on lui accorde en surplus de sa propre ration d'entretien. Ainsi, en 4 mois environ, si la portée se compose de 12 gorrets pesant chacun 1 kilogr. 250, elle a produit un poids fœtal utile de 15 kilogrammes ; il faut y joindre environ 9 kilogr. 240, savoir, 2 kilogr. 160 pour le poids des membranes fœtales (180×12), 4 kilogr. 560 pour le liquide allantoïdien (380×12), et 2 kilogr. 520 pour le liquide amniotique (210×12).

La durée du développement fœtal ou de la gestation est, suivant le dicton populaire, de trois mois, trois semaines et trois jours, ce qui donnerait 114 jours. « Ce chiffre est un peu faible, dit M. Borelli, qui avait surtout en vue les races précoces; c'est du 110e au 124e jour qu'a lieu d'ordinaire la mise bas. » (*Almanach du porcher pour* 1873, p. 14.) Dans nos races indigènes, nous avons le plus souvent constaté une durée de gestation de 108 à 118 jours; M. Bénion dit que, sur un relevé exactement fait sur 65 truies : 2 ont fait leurs petits le 104e jour; 10, du 110e au 115e; 23, du 115e au 120e; 27, du 120e au 125e; 2, le 126e, et 1 le 127e jour. Il en résulterait que la truie peut porter 10 jours de moins et 13 jours de plus que ne l'exprime le proverbe populaire; que la moyenne serait de 120 jours et la différence entre le minima et le maxima de 23 jours; mais l'auteur ne dit point à quelle race appartenaient les animaux observés. (*Traité de l'élevage et des maladies du porc,* p. 207.)

La présomption de la fécondation résulte de la disparition des chaleurs qui, nous l'avons vu, se représentent à peu près tous les mois, dans les cas de viduité, surtout de février à octobre; en second lieu, par une prédisposition plus prononcée qu'antérieurement à prendre de l'embonpoint, prédisposition qui, si l'on ne s'en méfie, peut conduire à l'avortement. (Voir cha-

pitre XIII.) Dès qu'on a des raisons suffisantes, par
l'augmentation du diamètre transversal de l'abdomen, de présumer la fécondation, il est bon de
séquestrer chaque truie portière dans une loge
chaude (en hiver), aérée (en toutes saisons),
fraîche, mais non humide en aucun temps ; de la
soumettre au régime de la stabulation complète,
en remplacement du régime en commun, du
pâturage et de la liberté ; cet isolement doit être
complet, en ce sens que chaque loge doit être
individuelle, ou qu'au moins, si elle est commune à plusieurs bêtes, celles-ci n'en doivent
jamais sortir. « C'est surtout au moment des
repas, quand on ouvre la porte des loges, que
les truies se pressent pour entrer » (BORELLI,
ut supra, p. 14), ce qui serait encore une cause
d'avortement tout aussi bien que les courses à
travers champs, le saut de fossés, la lutte entre
mâles ou femelles ; nous verrons (chapitre x) les
dispositions à l'aide desquelles on peut distribuer la nourriture dans les auges, sans avoir
besoin d'en faire sortir les habitants.

Il va de soi que, pour la truie comme pour
les autres femelles domestiques, la ration,
durant la période de gestation, doit être calculée
pour suffire à tous les besoins propres de l'animal lui-même, plus au développement fœtal ;
que cette ration doit être composée de sub-
tances non trop encombrantes, assez conden-
sées au point de vue de leur valeur nutritive,

pour qu'elles soient aisément et aussi complète-
ment digérées que possible, qu'elles n'encom-
brent point les intestins, ce qui produirait le
refoulement du diaphragme en avant, et sur
l'utérus une pression capable de déterminer
l'avortement. Cet accident, en effet, serait favorisé par un rationnement exclusif de gros son,
de pommes de terre crues, ou par une ration
surabondante de quelque aliment que ce soit,
par des boissons trop froides, etc. ; c'est là de
l'hygiène générale commune à toutes les
espèces.

Nous croyons utile d'indiquer ici la composition de quelques rations variées de truies portières, rations qu'on pourra proportionner à la
taille et au poids des animaux :

NATURE DES ALIMENTS.	1	2	3	4	5	6	7	8
	k. g.	k. g.	k. g.	k. g.	k. g.	k. g.	k. g.	k. g.
Eaux grasses	3 »	4 »	5 »	8 »	9 »	10 »	12 »	16 »
Pommes de terre cuites.	4 »	4 »	1.500	»	»	»	»	»
Carottes crues.	»	»	»	5 »	»	»	»	»
Citrouille cuite	0.500	»	1 »	»	»	»	»	»
Betteraves cuites. . . .	»	»	2.500	»	»	»	»	»
Farine d'orge.	1 »	0.500	1.500	»	1.500	1.000	0.500	1.000
Drêche.	1 »	»	»	3.000	500	»	0.500	1.000
Tourteau de lin. . . .	»	0.200	0.100	0.200	»	»	0.400	0.500
Viande cuite	»	0.500	»	»	»	0.500	»	»
Trèfle vert	»	»	»	»	5.000	6.000	8.000	4.000
Son de froment. . . .	»	0.500	»	»	0.250	0.400	0.500	0.500

Les quatre premiers exemples de ration s'ap-
pliquent au régime d'hiver, les quatre autres

au régime d'été; chacune sera divisée en deux repas. Il est bien entendu que la boisson est toujours donnée tiède, sinon chaude, en hiver.

M. Boussingault, à Béchelbronn, donnait à ses truies, durant les cinq semaines de l'allaitement, la ration suivante :

Pommes de terre cuites.	11kil.250
Farine de seigle.	1 225
Lait écrémé et caillé.	6 000

Si l'on a tenu, comme nous l'avons recommandé, note exacte de l'époque de la saillie, on sera renseigné sur l'époque de la mise bas, dont l'approche est d'ailleurs signalée extérieurement par l'avallement de plus en plus prononcé du ventre et par le gonflement croissant des mamelles. Dès lors, il est indispensable de séquestrer complétement la mère, si on ne l'a fait déjà, de la placer dans une boxe saine, un peu obscure, quoique bien aérée, sur une litière de paille coupée en fragments de 0ᵐ,30 de longueur, renouvelée souvent, et de faire assidûment surveiller la malade, le jour et la nuit. La voit-on s'agiter inquiète, pousser des grognements, se coucher et se relever alternativement, amasser, à l'aide de ses dents, un tas de paille qu'elle accumule en un coin de sa loge, c'est que le moment est proche. On ne la doit plus quitter dès lors, jusqu'à délivrance complète, mais encore faut-il que cette surveillance soit discrète, que l'observateur se cache, dans la crainte de l'effrayer.

Chez la truie, comme chez toutes les femelles habituellement multipares, l'expulsion des fœtus a lieu successivement, à des intervalles de 10 à 30 minutes environ; mais pendant tout ce temps (c'est-à-dire une heure et demie à deux heures pour une portée de 12 petits), la mère souffre et s'agite, et comme elle est d'un poids plus ou moins lourd et d'une médiocre agilité, elle peut écraser bien involontairement les nouveau-nés. Quelques truies, dit-on, ont coutume de dévorer partie ou totalité de leurs enfants, après le part [1]; il serait plus exact de dire que, dans certains cas, toutes les truies peuvent se porter à cette dépravation de l'amour maternel; on rencontre assez fréquemment le même fait dans l'espèce cuniculine, et M. Eug. Gayot l'a clairement expliqué en arguant que, prise de fièvre à la suite du part et privée d'eau, elle étanche sa soif dans le sang de ses petits, mais que la mère ne commettait jamais ce crime de lèse-nature lorsqu'on tenait la boisson à sa disposition. N'en serait-il pas de même pour la truie? Serait-ce une question de tempérament, une aberration de l'instinct, une dépravation à

[1] Le porc est omnivore, et sa femelle, comme celle des espèces chien, etc., mange les enveloppes fœtales, après le part; mais ni la chienne, ni la chatte, qui mettent le plus souvent bas en liberté, ne mangent leurs petits.

la fois du cœur et des sens? Nous préférons croire à un besoin physiologique.

En tout cas, il suffit que ces deux accidents soient possibles pour que l'on cherche à les prévenir par quelques soins. Donc, le surveillant recueille chaque goret, au moment de sa naissance, et les dépose successivement dans un panier abondamment garni de paille, jusqu'à ce que l'accouchement soit complétement terminé. Il offre alors à la mère, après avoir renouvelé la litière de son nid, une boisson blanche tiède, pour étancher sa soif; lorsqu'elle se montre plus calme et disposée à se reposer, il lui rend, un à un, ses enfants, en ayant soin de les placer en raison inverse de leur taille, les plus petits ou les plus faibles à une mamelle pectorale (dont la sécrétion est la plus abondante), puis, par rang de force, à une mamelle abdominale et enfin à une inguinale (qui donnent le moins de lait). C'est que chaque goret adopte une fois pour toutes le trayon qu'il a sucé la première fois, et que proportionner son alimentation à son degré de force est un moyen d'obtenir plus de régularité dans l'ensemble du développement de la portée.

Il est rare que le nombre des petits dépasse celui des trayons, qui est généralement de 10 à 12, et presque toujours en nombres pairs, et, nous l'avons dit, chaque goret adopte un trayon dès son premier repas et n'en changera plus jamais. Si le nombre des petits était supérieur à celui des mamelons, on pourrait tenter de faire adopter ceux en nombre excédant par une autre truie ayant mis bas récemment, si l'on en a une, ou mieux encore, les supprimer, en choisissant

Fig. 25. — Loge de truie portière. (Système Borély.)

les plus faibles, parce que l'adoption réussit bien rarement. Ce premier repas fait, on reprend les petits et on les remet dans leur caisse ou leur panier pleins de paille fraîche, d'où on les sort pour les faire teter cinq fois par jour et une fois par nuit, mais toujours sous une surveillance scrupuleuse, si l'on veut éviter que la mère en écrase, et cela, durant les trois ou quatre premiers jours au moins. « On peut, dit M. Borelli, se relâcher beaucoup de ces soins en disposant, parallèlement aux murs, des barres de bois élevées de $0^m,40$ au-dessus du sol et distantes de la muraille de $0^m,50$; de cette façon la

mère ne pourra s'appuyer contre la muraille, et
les petits trouveront toujours, derrière la barre,
de la place pour se dérober. » (*Almanach de la
porcherie,* 1873, p. 16.) On rencontre exceptionnellement, surtout parmi les petites races,
des mères vigilantes, adroites, alertes, qui
n'écrasent jamais leurs petits ; à celles-là, lorsque
le fait a été constaté, on peut les confier dès la
mise bas.

Les gorets sont disposés à teter presque
immédiatement après leur naissance ; les
mamelles de la mère sont d'ordinaire alors gor-
gées de lait (*colostrum*), et il importe de la sou-
lager. Quant à elle, dès que les gorets ont teté,
on lui donne un breuvage tiède d'eau, de son, et
un peu de farine d'orge ; son régime dorénavant,
et durant tout l'allaitement, se composera d'aliments rafraîchissants (eau blanche faite avec de
la farine d'orge et un peu de seigle, racines,
fourrages verts) ; successivement, on enrichit la
ration en principes azotés, tout en y faisant entrer
l'eau pour une part notable, en vue de la lacta-
tion.

La chair musculaire, la viande de cheval,
lorsque, situé à proximité d'un clos d'équar-
rissage, on peut se la procurer à bas prix, constitue une excellente nourriture, tant pour les
truies nourrices que pour les porcelets, de l'âge
de 3 à celui de 7 à 8 mois.

Les gorets, durant les six à huit premiers

jours, ne reçoivent d'autre nourriture que le lait de leur mère. Au bout de ce temps, on leur donne en supplément une bouillie de farine d'orge et de pommes de terre cuites délayées avec du lait écrémé et tiède, le tout déposé, bien entendu, hors de la portée de la mère. « Il peut arriver, dit encore M. Borelli, que les petits, en tetant trop souvent, amènent une inflammation des mamelles. Ce léger inconvénient peut-être parfaitement évité, si l'on a eu soin de placer les barres de bois dont nous avons parlé plus haut, et de poser sur l'une d'elles, tout le long d'une des parois, un petit plancher. La truie que ses petits fatiguent trop peut y monter, et, à cause du peu de largeur de la plate-forme, elle est tout à fait à l'abri des obsessions de ses petits, qui ne peuvent l'y accompagner. » (*Ut supra*, p. 16.)

A mesure que les petits deviennent plus forts, on améliore leur régime, non-seulement en quantité, mais aussi en qualité, augmentant la proportion de farine ou de pommes de terre, diminuant celle du petit-lait ou du lait écrémé; pendant ce temps, l'allaitement continue, mais il fatigue de plus en plus la mère, quelque nourriture qu'on lui donne. Aussi opère-t-on le sevrage de six semaines à trois mois : au premier terme, quand la mère est mauvaise nourrice et qu'on ne peut faire autrement; au second terme, pour obtenir des reproducteurs; mais en moyenne, et mieux, de deux mois à deux mois et demi. Durant ce temps, les gorets augmentent de 8 à 9 kilogr. de poids, soit 0 kilogr. 240 par jour environ. C'est ce que démontre le tableau suivant, dû aux expériences de M. Boussingault sur sa ferme de Béchelbronn :

RACE DES MÈRES.	POIDS A LA NAISSANCE.	POIDS AU 36ᵉ JOUR.	GAIN PAR TÊTE.	GAIN PAR JOUR.
	kil. gr.	kil. gr.	kil. gr.	kil. gr.
Du pays	1.250	7.900	6.650	0.180
Du pays	1.100	6.500	5.400	0.150
Du pays	1.200	7.170	5.970	0.170
Hampshire, du pays..	1.230	11.550	10.320	0.290
Hampshire.	0.750	6.370	5.620	0.160
Hampshire.	1.130	10.140	9.010	0.250
Hampshire.	1.000	11.500	10.500	0.290
Hampshire	1.290	10.790	9.500	0.260
MOYENNES. . . .	1.119	9.710	8.570	0.240

Ainsi, au moment de la naissance, les petits provenant de races améliorées sont de poids un peu plus faible (1 kilogr. 042) que ceux de race indigène (1 kilogr. 119), mais ils profitent plus (0 kilogr. 240 par jour) pendant l'allaitement que ceux-ci (0 kilogr. 166). On sait qu'il en est de même dans toutes les espèces, entre races communes et races précoces ou perfectionnées.

M. Parent, agriculteur à la Peltrie (Loiret), a donné le tableau d'accroissement suivant :

AGE DES ANIMAUX.	PORC DE RACE POITEVINE. Accroissement diurne.		PORC NEW-LEICESTER. Accroissement diurne.		PORC NEW-LEICESTER-POITEVIN. Accroissement diurne.	
		kil. gr.		kil. gr.		kil. gr.
1 jour	Poids	1.300	Poids	1.200	Poids	1.250
20 —	—	0.020	—	0.235	—	0.235
50 —	—	0.329	—	0.310	—	0.355
100 —	—	0.384	—	0.389	—	0.386
150 —	—	9.492	—	0.650	—	0.584
200 —	—	0.174	—	0.247	—	0.288
250 —	—	0.174	—	0.248	—	0.210
300 —	—	0.192	—	0.247	—	0.198
400 —	—	0.142	—	0.155	—	0.196
500 —	—	0.155	—	0.156	—	0.168
600 —	—	123.000	—	145.700	—	139.300
Accroissement moyen.	Poids	0.249	Poids	0.293	Poids	0.297

Par contre, les races indigènes sont généralement plus fécondes que les races améliorées, du moins dans les espèces qui sont dirigées vers l'aptitude à l'engraissement, et surtout quant aux individus soumis à la stabulation permanente. Précocité, aptitude à engraisser sont deux termes corrélatifs qui résultent l'un comme l'autre d'un lymphatisme exagéré et qui se manifestent extérieurement et avant l'âge adulte même par l'obésité. Dans ce cas, l'organisme fonctionne bien plus au profit de l'individu qu'à celui de l'espèce : les mâles sont peu féconds, les femelles sont nymphomanes ou infécondes, les petits sont de faible poids et peu nombreux. Or, c'est dans l'espèce porcine que ces conditions se rencontrent le plus clairement : une seule aptitude, la production de la viande ; un seul système conciliable avec l'amélioration, la stabulation permanenle. Aussi, lorsqu'on y joint la consanguinité, c'est-à-dire lorsqu'on y ajoute une hérédité remontant plus ou moins loin, on arrive infailliblement, rapidement, à la stérilité complète, ainsi que le démontre l'observation de tous les jours et que l'a constaté dès longtemps M. Bella, en citant les verrats et truies de race Hampshire, de Grignon, qui, inféconds entre eux, se reproduisaient néanmoins avec des animaux d'autres races. (*Ann. de Grignon,* vii⁰ livraison.)

On n'améliore les races au point de vue de la précocité et de l'engraissement qu'en violant les lois naturelles ; on n'exagère le développement prématuré du squelette et la faculté de convertir une alimentation succulente en une surabondance de tissus musculaires et graisseux qu'aux dépens de la vigueur, de l'énergie, de la vitalité et surtout de la faculté reproductrice de l'individu d'abord, puis de la race et enfin de l'espèce.

Il n'en est pas tout à fait de même dans le croisement, au premier degré surtout ; une truie indigène fécondée par un verrat amélioré fait généralement des portées aussi nombreuses qu'avec un verrat de sa propre race ; il n'en est pas toujours de même s'il s'agit d'une truie améliorée fécondée par un verrat indigène. Enfin, si l'on fait du croisement continu, la fécondité décline à mesure qu'on se rapproche du sang améliorateur. Il y a des degrés pourtant, et ce que nous disons s'applique surtout aux petites races; parmi les grandes, quelques-unes, suffisamment perfectionnées, mais sans exagération, comme la race dite de Grignon (Hampshire-Berckshire), ont conservé une fécondité ordinaire.

La castration des mâles doit s'opérer pendant l'allaitement, du 20e au 30e jour, un peu plus tard, et du 40e au 50e, pour les femelles. (Voir plus loin, chap. xi.)

CHAPITRE VI.

ÉLEVAGE.

Avec le sevrage commence l'élevage proprement dit. Dans l'état de nature, le marcassin suit longtemps sa mère, qui l'allaite tant que la sécrétion mammaire s'accomplit chez elle. Dans l'état de domestication, le besoin de ménager les forces de la mère pour la portée suivante d'un côté ; de l'autre, la facilité de donner aux jeunes une nourriture appropriée, font qu'on limite la durée de l'allaitement, suivant les circonstances, de six semaines à deux mois, ou même trois mois.

On opère le sevrage en séparant les petits de leur mère et en ne les réunissant à elle qu'un nombre de fois déterminé par jour, quatre fois, puis trois, puis deux, puis une seule, et au bout de huit jours, la séparation est complète. Il est bien entendu que la ration des gorets doit être augmentée dans la proportion du lait que l'on supprime. Après le sevrage, on leur donne trois ou quatre repas par jour, composés de lait écrémé, d'eaux grasses, de petit-lait, ou d'eau pure, auxquels on ajoute du son, des farines, des pommes de terre cuites, des betteraves, des carottes, du fourrage vert (luzerne, trèfle, laitue, etc.). « Quelques personnes leur donnent, à cette époque, des grains durs, pour faire tomber les dents de lait et activer la dentition. » (Borelli, *ut supra* p. 17.)

Le lait de vache comporte, en moyenne, dans la fabrication industrielle :

Beurre (butyrum, matière grasse)	3.200
Caillé (caséum, fromage).	3.000
Lait de beurre (beurre, caillé, petit lait).	800
Petit lait perdu à l'égouttage, au séchage, au lavage, etc.	13.000
Petit lait recueilli	80.000
Total.	100.000

Le lait de vache pur et frais renferme, d'après Kühn, en moyenne 4 pour 100 de substances protéiques, 3.6 pour 100 de matières grasses, 4.7 pour 100 de matières extractives non azotées, 1.3 pour 100 de substances sèches et 0.7 pour 100 de cendres.

Le lait écrémé est plus pauvre en matières protéiques (4.9 pour 100) et en matières grasses (0.9 pour 100), plus riche en matières extractives (5.3 pour 100), moins en substances sèches (10.2 pour 100) et plus en cendres (0.8 pour 100).

Le lait de beurre renferme 3.8 pour 100 de substances protéiques, 1.0 pour 100 de matières grasses, 5.3 pour 100 de matières extractives, 9.9 de substances sèches, et 0.6 pour 100 de cendres.

Enfin, le petit-lait contient : substances protéiques, 0.65 ; matières grasses, 0.7 ; matières extractives, 5.0 ; substances sèches, 7.0, et cendres, 0.6 pour 100.

Lorsqu'on a écrémé le lait pour la fabrication du beurre, on lui a enlevé la plus grande partie de sa richesse en matières grasses, principe respiratoire ; mais il y reste encore le caséum et l'albumine, principes azotés ; le sucre de lait, principe respiratoire, et les sels minéraux contenus en dissolution dans l'eau du petit-lait[1]. On comprend donc l'avantage d'utiliser ces déchets de fabrication dans l'alimentation des animaux et surtout dans l'élevage, particulièrement des porcs. Le plus souvent, après avoir écrémé pour fabriquer le beurre, on fait coaguler pour recueillir le caséum dont on fabrique du fromage maigre ; il ne reste plus alors que le petit-lait. Dans les fruitières du Jura, où l'on traite par jour de 100 à 600 litres de lait, on recueille environ de

[1] Analyse moyenne du lait de vache pur et frais :

A. Principes respiratoires.	{	butyrum . . . . . 3 20 sucre de lait . . . 4 30	} . .	7 50	
B. Principes azotés	{	caséum . . . . . . 3 00 albumine 1 20	} . .	4.20	100.00
. Substances minérales. .	{	phosph. de chaux, magnésie et fer. 0.375 chlor. de soude et de potasse . . . 0.325	} . .	0.70	
		Eau.		87.60	
		Azote . . . . (0.008)			

80 à 480 litres de petit-lait par jour ; ce produit est mis aux enchères pour l'année, et l'adjudicataire l'emploie fructueusement à l'élevage des porcs. Ce liquide renferme toujours quelques particules de matières grasses et de caillé, et en tout cas, presque tous les sels minéraux contenus dans le lait ; il a besoin pourtant d'être additionné, dans la ration, d'aliments riches en principes gras (respiratoires) et azotés (plastiques).

Le son, résidu de la fabrication des farines, était autrefois bien plus nourrissant, et sa valeur nutritive diminue à mesure que les procédés de mouture s'améliorent et qu'un bluttage plus soigné et plus complet permet d'en extraire une plus forte proportion de farine. Le son de blé pris actuellement dans les bons moulins de commerce ne blanchit pas notablement l'eau dans laquelle on le lave ; sa composition moyenne, d'après M. Isidore Pierre est la suivante :

Amidon, dextrine et matière sucrée.	50	à	55
Matières grasses.	3	à	4
Principes azotés (albumine, etc.), azote.	2	à	3
Principes minéraux, sels.	0.5	à	0.6
Cellulose, en grande partie indigestible.	0.9	à	1.0
Eau.	12.5	à	15.0
	68.9	à	78.6

Ailleurs on donne : matières grasses, 4 pour 100 ; amidon, 51.6 pour 100 ; albumine, 11.9 pour 100 ; cellulose, 8.5 pour 100 ;

sels, 3.0 pour 100; eau, 21.0 pour 100 soit, azote, 1.90 pour 100. M. Kühn indique : substances protéiques, 14 pour 100; matières grasses, 3.8 pour 100; matières extractives non azotées, 45 pour 100; ligneux, 18.3 pour 100; substances sèches, 86.6 pour 100, et cendres, 5.5 pour 100. Au prix commercial actuel du son, nous pensons qu'il y aurait tout avantage à lui substituer soit le tourteau de colza, soit une quantité équivalente de farine d'orge.

La farine d'orge, la plus riche de toutes, après le froment, en acide phosphorique, celle qui vient après le maïs, l'avoine et le sarrasin, sous le rapport de la matière grasse, presque aussi riche que le maïs et plus que l'avoine en azote, convient fort bien à l'élevage du porc comme de tous les jeunes animaux, le cheval excepté. Le grain d'orge contient en effet 2.80 pour 100 de matières grasses, 0.85 d'acide phosphorique, et 1.84 pour 100 d'azote; ou, d'après Kühn, 10.0 de substances protéiques, 2.3 de matières grasses, 64.1 de matières extractives non azotées, 85.7 de substances sèches, 7.1 de ligneux et 2.2 de cendres. A cause de sa forte proportion d'acide phosphorique, l'orge est préférable, pour l'élevage, à tous les autres grains de céréales, sa teneur en azote étant d'ailleurs suffisante et facile à compléter par d'autres aliments.

Parmi les fourrages, la luzerne et le trèfle rouge, les feuilles de carotte sont souvent employés en Normandie, et constituent une assez bonne alimentation.

En hiver, on donne des tubercules de topinambour crus, des pommes de terre cuites, des navets, raves, rutabagas ou des betteraves.

Durant la période qui suit immédiatement le sevrage, quelques éleveurs font consommer des grains durs, comme le maïs, la féverole, afin de provoquer la chute des dents de lait et déterminer leur remplacement plus précoce par des dents d'adulte.

Dans l'élevage en petit du goret, on utilise tous les déchets du ménage, comme eaux grasses de lavage, son de la fournée, épluchures de légumes, herbes du jardin, toutes choses de peu de valeur, mais auxquelles il faut ajouter quelques compléments. Dans l'élevage en grand, on cherche à tirer surtout partie de débris de la culture ou de résidus industriels; c'est tantôt du lait écrémé ou du petit-lait, des déchets de grains, des résidus de féculerie, d'amidonnerie ou de distillerie, parfois de la drêche, ailleurs de la viande de cheval, plus communément du fourrage vert (trèfle, luzerne, vesces, laitue, orties, maïs, feuilles de carotte) et des racines crues (betteraves, carottes, navets). Le régime de la pâture s'exerce successivement dans les marais, sur les chaumes, sur les terres où l'on vient de récolter des pommes de terre ou topinambours, dans les forêts d'arbres à feuilles caduques. En

Amérique, on cultive parfois exclusivement les pommes de terre et le maïs pour les troupeaux de porcs, qui en font la récolte eux-mêmes et sur place.

Dans cet élevage, dont la période embrasse 10 à 16 mois, depuis le sevrage jusqu'à la vente ou la mise à l'engrais, il est bon de distinguer deux périodes : l'une durant laquelle l'animal forme et développe son squelette, et pendant laquelle il a besoin d'aliments riches en phosphate de chaux; l'autre durant laquelle il développe son système musculaire, sorte de préparation à l'engraissement, et dans laquelle il lui faut une plus forte proportion de principes azotés et une certaine quantité de matières grasses. Le tableau suivant indique, à ces divers égards, la teneur des principaux aliments du porc :

NATURE DES ALIMENTS.	Acide phosphorique.	Mat. azotées.	Mat. grasses.
Luzerne verte	0.06	2.80	0.80
Trèfle vert	0.09	3.10	0.90
Betteraves.	0.05	1.05	0.10
Pommes de terre . .	0.09	2.00	0.30
Topinambours. . . .	0.13	2.70	0.20
Raves	0.03	0.80	0.20
Grains de blé	0.91	13.20	1.60
— de seigle. . .	0.83	11.00	2.00
— d'orge	0.85	10.00	2.30
— d'avoine . . .	0.58	12.00	7.30
— de sarrazin. .	0.38	7.80	1.50
— de maïs . . .	0.40	10.60	9.20

Pour le goret comme pour tous les autres

jeunes animaux, l'avenir se décide par un allaitement suffisant en abondance et en durée, par un
sevrage opéré sans fâcheuse transition, par une
alimentation appropriée et rationnelle ensuite;
pour mieux dire, ces principes ont une importance d'autant plus grande que la vie du sujet est
plus courte, et le moindre arrêt dans son développement se répercute sur tout le reste de son existence.

Il n'y a guère plus, en effet, que l'élevage
intensif qui ait sa raison d'être, de nos jours;
l'élevage à la pâture, à la glandée, pour si économique qu'il semble de prime abord, outre
qu'il devient chaque jour moins praticable, s'ap-
pliquant exclusivement et forcément à des races
communes et tardives, ne saurait plus lutter
avec l'élevage d'animaux de races ou de croisements précoces, élevés à la ferme. Que l'on
cherche la précocité absolue ou la précocité relative, il est bon de se rappeler qu'elle est là surtout et qu'on y arrive en fournissant aux jeunes
organismes l'abondance des matériaux de leur
développement physiologique. A plus forte raison
ces principes doivent-ils être observés lorsqu'il
s'agit d'animaux destinés à la reproduction.

Aussitôt après le sevrage, il est prudent de
diviser la troupe des gorets non-seulement par
sexes, mais aussi par forces; c'est-à-dire que les
plus forts et les plus faibles seront séparés, de
crainte que ceux-ci n'oppriment ceux-là; plus ils

seront isolés, et mieux cela vaudra. La recommandation est plus importante encore pour les animaux destinés à la reproduction que pour ceux promis à la vente ou à l'engraissement.

Nous avons donné plus haut, et d'après M. Boussingault, les chiffres d'accroissement de gorets de diverses races pendant l'allaitement. M. Parent, qui a pratiqué longtemps l'élevage et l'engraissement du porc à sa ferme de la Peltrie (Loiret), va nous fournir des chiffres analogues pour la période d'élevage suivie d'engraissement :

AGE.	POITEVINS.		HAMPSHIRE.	
	Poids vif.	Accroiss⸱ par jour.	Poids vif.	Accroiss⸱ par jour.
	kil. gr.	kil. gr.	kil. gr.	kil. gr.
1er jour (naissance).......	1.300	»	1.200	»
20e jour...............	7.400	0.305	9.960	0.188
50e jour (sevrage)........	16.500	0.455	12 »	0.352
100e jour.............	32.600	0.805	27.530	0.776
150e jour.............	49 »	0.820	47 »	0.973
200e jour...	71.100	1.105	80.500	1.675
250e jour...............	79.800	0.435	92.850	0.618
300e jour.	88.500	0.335	105.250	0.620
400e jour (engraissement)....	108.750	0.202	130 »	0.647
MOYENNES	»	0.269	»	0.322

Non-seulement le régime, mais aussi la ration étant les mêmes, il a fallu 400 jours aux Poitevins et 277 seulement aux Hampshire pour atteindre le poids vif de 100 kilogr., soit, en faveur des derniers, une économie de 123 rations d'entretien.

Il est peu d'industries zootechniques qui soient soumises à des variations aussi fréquentes et aussi étendues que l'élevage du porc. Si nous en exceptons quelques contrées montagneuses ou boisées, comme l'Auvergne, le Bourbonnais, les Ardennes, la Marche, le Berri, où l'élevage se fait, comme l'engraissement, au pâturage, dans les communaux, les landes et les bois, il se pratique plus généralement à l'étable, et l'engraissement s'opère surtout avec les pommes de terre. Or, quand cette dernière récolte vient à manquer, le prix des porcs maigres baisse à l'avance, comme à l'avance s'élève celui des porcs gras. La récolte plus ou moins favorable des céréales joint son influence à celle des racines, parce que le son, l'orge, le sarrasin, le maïs, sont encore des aliments à l'usage du porc. D'un autre côté, si le prix de la viande de porc n'est point influencé, comme celui du bœuf et du mouton, par l'abondance ou la rareté des récoltes fourragères, il semble être, d'ordinaire, établi en raison inverse de celui des viandes de boucherie, s'élevant quand elles baissent, descendant lorsqu'elles montent; ajoutons cependant que l'influence combinée des bonnes ou mauvaises récoltes de grains (le plus souvent inverses de celles des fourrages : année de foin, année de rien) et de racines explique ce fait en grande partie.

L'élevage du porc en liberté a été jusqu'à ces

derniers temps et est encore pratiqué sur quelques points, en France, d'une manière générale, surtout dans les contrées qui possèdent encore des communaux et le droit de vaine pâture. Un pâtre payé par la commune rassemble le matin tous les animaux à son de trompe, et les conduit au pâturage dans les forêts, les marais, les landes ou les champs; chacun alors cherche sa vie à l'aide de son groin, se vautre dans la boue, se nourrit de fruits ou de racines péniblement conquis, et, le soir venu, le troupeau rentre au village, ayant peu coûté, il est vrai, mais peu gagné aussi. Ailleurs, on adjoint quelques porcs au troupeau de moutons, et, sous la garde plus ou moins active de la bergère, tandis que les uns paissent, les autres bouleversent le chaume des blés ou le gazon des prés, capricieux comme des chèvres et plus entêtés que des ânes. C'est là un régime qui ne saurait convenir qu'à des races à longues jambes et à développement tardif, c'est-à-dire à des races qui ne conviennent plus, sauf de rares exceptions, aux besoins de l'époque.

Nous avons dit que peu de cultivateurs pratiquaient en grand l'élevage du porc; il nous faut citer pourtant : MM. le vicomte de Curzay, dans la Vienne; Allier, à Petit-Bourg, près de Corbeil; Pavy, à Girardet, près de Tours; Hamot, à Magny (Seine-et-Oise); Noblet, à Château-Renard (Loiret); Poisson, à Lormois (Cher);

Maisonhaute, à Grignon (Seine-et-Oise), etc., qui ont entretenu ou conservent des porcheries importantes. En général, dans les grandes fermes, on nourrit 4 ou 5 truies portières au plus, et un verrat pour la reproduction; on vend áprès castration et sevrage, et l'on n'engraisse que pour les besoins de l'exploitation. Dans la moyenne culture, on restreint encore le nombre des animaux, et dans la petite culture on élève et l'on engraisse ensuite un seul et même porcelet.

L'élevage du porc au pâturage est la caractéristique du système de culture extensive; l'élevage en stabulation, celle de la culture intensive. Et si nous consultons les statistiques officielles, il semble, au premier abord, qu'à mesure que la culture progresse, le nombre de l'espèce porcine tend à diminuer, ou tout au moins ne s'accroît pas dans la même proportion que le reste de notre bétail. Il y a à cela plusieurs motifs : 1° le chiffre des existences dépend de l'époque à laquelle a lieu le recensement et suivant qu'il s'opère au printemps ou en hiver, par exemple, puisque c'est en hiver que l'on engraisse et que l'on sacrifie, tandis que l'on fait surtout naître en mars et avril, et en août et septembre; 2° depuis 1870, nous avons perdu un territoire qui nourrissait environ 215,000 porcs de tout âge; 3° de 1840 à 1875, en dehors de la conformation et de la qualité, nos animaux de l'espèce porcine ont certainement augmenté, en poids vivant, de 25 pour 100 ou un quart [1] ; 4° enfin, il ne serait point étonnant que, de 1877 à ce jour, la diminution des existences fût devenue réelle à cause du développement qu'a pris l'importation des lards et viandes salés d'Amérique, mouvement fort heureusement très-calmé aujourd'hui. De toutes les viandes, celle du porc est la plus recherchée, non-seulement de la population rurale, mais aussi des travailleurs urbains, bien que son prix soit au moins égal à celui du bœuf et de la vache, mais un peu inférieur à celui du veau et du mouton, ainsi que nous le verrons un peu plus loin.

Quoi qu'il en puisse être, nous donnerons les chiffres des dernières statistiques officielles, tout en regrettant qu'elles ne soient pas établies d'après des bases comparables :

ANNÉES.	PORCS DE MOINS D'UN AN.	PORCS DE PLUS D'UN AN.	TOTAL.
1789......	»	»	4.000.000 têtes.
1812.....	»	»	4.655.700 »
1829.....	»	»	4.968.597 »
1840.....	»	»	4.910.721 »
1852.....	3.859.300	1.387.103	5.246.403 »
1862.....	4.381.627	1.655.916	6.037.543 »

	VERRATS.	COCHONS.	TRUIES.	COCHONS DE LAIT.	
1866.....	42.094	3.218.446	823.562	1.805.522	5.889.624 »
1877.....	54.551	3.097.588	921.978	1.681.539	5.755.656 »

[1] En 1840, le poids vif moyen s'élevait à 91 kil. par tête, et la valeur à 35 francs.
En 1852, — — — à 104 — et — à 49 »
En 1862, — — — à 118 — et — à 55 »
En 1866, ces chiffres ont dû devenir à 128 — et — à 64 »
En 1877, — — — à 134 — et — à 70 »

Les chiffres de cette dernière année indiquent une augmentation dans le nombre des reproducteurs, verrats et truies, ce qui ne saurait être un symptôme de diminution dans l'élevage ; nous croyons pouvoir en conclure que la diminution dans le nombre des porcs castrés et des cochons de lait est un fait anormal, dû probablement à l'époque de l'année où la statistique a été dressée, et n'indique qu'une diminution temporaire.

A un autre point de vue et en prenant pour base les chiffres précédents, la situation, aux diverses époques se serait résumée ainsi :

DATES.	POIDS VIFS DES EXISTENCES.	VALEURS DES EXISTENCES.	TÊTES POUR 100 HABITANTS.	KILOS DE POIDS VIF PAR HABITANT.
	kilos.	francs.	têtes.	kil.
1840	446.875.611	171.875.235	14.50	1.312
1852	545.625.912	257.073.707	14.50	1.526
1862	712.430.074	332.064.865	16 »	1.920
1866	753.871.872	376.935.936	15.50	1.975
1877	771.257.904	402.295.920	15.60	2.083

Il nous serait impossible de comparer la situation de la France à celle des autres États, sous l'ensemble de ces rapports ; nous pouvons pourtant le faire très-approximativement quant aux existences rapprochées de la population humaine, en nous servant des recensements et statistiques les plus récents :

ÉTATS.	POPULATION HUMAINE.	TÊTES D'ESPÈCE PORCINE.	PORCS PAR 100 HABITANTS.
	âmes.	têtes.	
États-Unis d'Amérique	38.900.000	32.000.000	82.25
Danemark	1.864 000	442.000	23.80
Portugal	3.953 000	925.000	23.40
Pays-Bas...................	2.580.000	550.000	21.30
Autriche-Hongrie	35.600 000	7.000.000	19.64
Allemagne..................	42.700.000	8.000.000	18.70
Italie.....................	26.900.000	3.887.000	14.50
Angleterre..	31.000.000	4.136.000	13.25
Russie d'Europe............	75.500.000	9.400.000	12.50
Suisse....................	2.670.000	300.000	11.25
Belgique..................	16.443.000	1.350.000	7.95
Espagne	5.400.000	500.000	9.30
Suède et Norwége...........	6.200.000	401.000	6.46

Ainsi, la France ne paraît, sous le rapport de sa population porcine, inférieure qu'à certains États de l'Europe où l'agriculture et la civilisation ont fait moins de progrès. En admettant même que les porcs français aient diminué en nombre, ils ont certainement gagné en poids et surtout en précocité.

CHAPITRE VII.

ENGRAISSEMENT DU PORC.

L'engraissement est la seule destinée du porc, mais son aptitude à cette fonction est proportionnelle à la fois à sa race, à sa conformation et au régime auquel on le soumet.

Quant à la race, il y a, nous l'avons vu, des races communes, rapprochées de l'état de nature, conformées pour la vie vagabonde, tardives dans leur développement, produisant d'excellentes salaisons, mais grandes mangeuses et dures à engraisser; puis des races améliorées par la sélection, le croisement ou le métissage, conformées pour la vie sédentaire, douées de la faculté de se développer plus ou moins rapidement, exigeantes sur la quantité et surtout la qualité de la nourriture, s'assimilant bien les aliments, mais produisant une viande moins appréciée du goût général.

Les premières, et on le conçoit, sont de taille variable selon la fertilité de leur contrée d'habitat; elles ont le corps long et étroit, le dos voûté, la tête volumineuse et longue, longs aussi les membres et grossier tout le squelette. N'ont-elles pas été créées par le régime du pâturage, ce qui entraîne la marche et l'action de fouiller le sol, une alimentation chétive et irrégulière de saison à saison? Les secondes, nées au milieu du bien-être et du repos, trouvent leur nourriture à point et à discrétion; plus n'est besoin de longs membres, de long cou, de tête puissante, d'énergique groin. Les extrémités réduites à leur minimum de développement ne laissent en quelque sorte subsister qu'un tronc parfaitement cylindrique, supporté par quatre courts et minces piquets.

Les premières ont fait leur temps; aussi tendent-elles successivement à disparaître dans des croisements à divers degrés avec les secondes.

Dans quelque race que l'on choisisse le porc destiné à l'engrais, il faut qu'il se rapproche autant que possible (eu égard à la conformation spéciale de sa race) du portrait suivant:

La tête large et courte, avec le chanfrein camus; le cou bref; le dos droit; la queue fine, courte et attachée haut; la poitrine large, les côtes arrondies; le flanc court; le ventre soutenu; les membres de moyenne longueur, mais fins; la peau relativement fine, couverte de soies médiocrement abondantes, mais courtes et fines. Il aura, suivant sa race, atteint l'âge de 8 à 18 mois, c'est-à-dire que le développement osseux étant à peu près terminé, il sera devenu capable de convertir en viande et lard le surcroît de nourriture qu'il va recevoir. S'il appartient au sexe mâle, inutile de dire qu'il aura dû être castré avant le sevrage. En tout cas, la truie, à poids, âge et qualité égaux, se vendant généralement moins cher que le mâle, c'est celui-ci qu'il est bon de préférer.

Les races anglaises sont mises à l'engrais dès le jour de leur naissance, et, pour elles, on ne peut facilement distinguer la période d'élevage de celle d'engraissement. Il n'en est pas de même pour nos races indigènes, à l'égard desquelles on suit d'ordinaire une pratique regardée à tort comme économique et qui consiste à leur faire dépenser le moins possible. Enfin, pour les animaux croisés, il y a une situation intermédiaire, dans laquelle l'élevage est amélioré et progresse insensiblement vers l'engraissement.

Nous l'avouons hautement, le type amélioré par des petites races n'est pas notre idéal comme animal de service; mais il est précieux dans le croisement, afin de communiquer aux races indigènes, en doses faciles à proportionner, la précocité, l'aptitude et la conformation en rapport avec la situation économique. Aux New-Leicester de même qu'aux Craonnais, nous préférerons le Berckshire ou le Hampshire, ou encore le croisement du New-Leicester avec le Périgourdin, le Bressan ou le Flamand; à l'élevage en stabulation permanente, nous préférons celui au régime mixte, avec le pâturage temporaire, avec l'exercice, une marche modérée, le bon air. La stabulation ne produit qu'une viande sèche, de peu de saveur; le régime mixte, une chair entrelardée, plus tendre, plus savoureuse, plus hygiénique.

Quant à la période d'engraissement, nous nous trouvons encore en présence de deux systèmes : l'engraissement à la glandée, spécial à quelques contrées boisées où on le restreint chaque jour; l'engraissement à la porcherie, le cas le plus ordinaire.

L'engraissement à la glandée se pratiquait autrefois sur une large mesure en France, dans les forêts d'arbres à feuilles caduques; les animaux y recueillaient durant les trois ou quatre mois d'octobre à février les glands, châtaignes, faînes, etc., suivant les années et les lieux. Mais les particuliers, comme l'État, ont racheté ou réglementé le droit de glandée; ainsi, un grand nombre de forêts ont été fermées, d'autres abattues ou défrichées, et le parcours considérablement restreint. D'ailleurs, la glandée était la

préparation à l'engraissement plutôt que l'engraissement même ; c'était une excellente transition, il est vrai, donnant une viande succulente
et des salaisons surtout estimées à haut prix ;
mais il fallait achever l'opération à l'étable,
durant un ou deux mois, à l'aide de grains, de
farines ou de racines.

L'engraissement à la porcherie ne doit com-
mencer que lorsque l'animal a été accoutumé au
régime de la stabulation, par une prudente transition avec le pâturage. Le problème consiste à
lui faire consommer la plus grande quantité possible d'aliments de bonne qualité et de nature
appropriée, dans le plus court espace de temps
possible. Le porc est vorace, et il est omnivore ;
il convertit en viande à peu près tout ce qu'on
lui donne. Mais le moment le plus opportun
pour l'engraisser, c'est celui où son appétit
est le plus dévoloppé, c'est-à-dire pendant
l'hiver.

On le doit placer dans une loge bien installée
au point de vue de l'aération et de la propreté,
du calme et de l'éclairage. L'engraissement est
favorisé par une demi-obscurité, par le calme
le plus complet, par une atmosphère suffisamment pure et renouvelée, par une température
moyennement chaude et humide ; le froid sec,
comme la chaleur sèche, déterminent souvent
chez le porc des congestions mortelles. La loge
et le mobilier seront entretenus avec la plus

grande propreté, la litière sera fréquemment changée et donnée en abondance; enfin, une ou deux fois par jour, et si le temps est favorable, on fera sortir l'animal en liberté et isolément dans une petite cour attenante à sa loge, et où il puisse marcher et respirer en paix et à son gré, pendant une demi-heure après le repas.

Au début, on fait faire le plus souvent trois repas par jour, deux seulement ensuite. La forme sous laquelle les aliments paraissent être le plus volontiers acceptés, est celle d'une pâtée liquide, amenée à la température de 30 à 40° c. Le porc aime assez les aliments fermentés jusqu'à l'acidité. Enfin, on relève la saveur de certaines substances par l'addition de sel marin à la dose de 5 à 10 grammes par tête et par jour; l'usage de ce condiment ne doit être pourtant que temporaire et non continu; il serait préférable de ne le donner qu'une ou deux fois par semaine, à la dose chaque fois de 25 à 50 grammes.

M. de Dombasle préparait de la manière suivante la nourriture fermentée de ses porcs à l'engrais : à 200 ou 300 litres de pommes de terre cuites et bien écrasées, on mélange, en y ajoutant très-peu d'eau, 50 litres de farine de maïs, de pois, d'orge ou de sarrasin, et ensuite 1 kilogr. 750 de levain aigre de farine d'orge préparé d'avance. La masse se gonfle et aigrit. Deux jours après, on peut faire consommer; on délaye cette pâtée dans de l'eau chaude, au moment de la distribuer aux animaux, de façon à obtenir une bouillie claire pour le début de l'engraissement, puis de plus en plus épaisse. La préparation peut se conserver pendant huit à dix jours.

La nourriture du porc à l'engrais peut comprendre, suivant les cas :

Grains macérés dans l'eau ou réduits en farine, de : seigle, orge, féverolle, sarrasin, maïs, pois, orge drêchée, avoine en grains à l'état normal, farines de tous grains à l'état de recoupette, son de froment.

Fruits : châtaignes et glands frais ou séchés à l'air, courge ou citrouille cuite.

Racines : pommes de terre et betteraves cuites, carottes, navets, topinambours, panais crus.

Tourteaux : de toute nature, délayés dans la pâtée fluide.

Nous donnons ci-contre la composition moyenne de ces divers aliments, avec leur valeur vénale comparative au moment où nous écrivons.

NATURE DES ALIMENTS.	AZOTE.	MATIÈRES PROTÉIQUES.	MATIÈRES GRASSES.	ACIDES POSPHORIQUES.	PRIX DES 100 KILOGR.
	p. 100	p. 100	p. 100	p. 100	fr. c.
Grains de seigle.	1.90	11.00	1.80	0.83	21.25
— d'orge	1.84	10.00	2.80	0.85	19.50
— d'avoine	1.70	12.00	5.50	0.58	20 »
— de sarrasin	2.09	7.80	3.90	0.38	18.75
— de maïs	1.97	10.60	9.90	0.54	16.75
— de féverolles	4.75	25.10	2.00	1.02	»
— de pois.	3.54	22.40	2.00	0.76	»
Son de froment	1.90	14.00	4.00	0.87	14 »
Fruits de citrouilles. . . .	0.03	0.60	0.11	0.03	»
— de châtaignes. . . .	0.48	3.00	2.16	0.11	»
— de glands.	0.32	5.70	2.30	0.14	»
Racines de pommes de terre.	0.40	2.00	0.20	0.09	»
— de betteraves. . . .	0.28	1.10	0.10	0.05	»
— de carottes.	0.24	1.30	0.20	0.07	»
— de panais.	0.25	1.60	0.20	0.08	»
— de topinambours . .	0.43	2.00	0.20	0.13	»
— de navets.	0.30	1.00	0.20	0.10	»
Tourteaux d'arachide . . .	8.33	36.40	12.10	0.58	14.50
— de sésame. . . .	6.18	34.50	10.60	1.55	15.50
— de caméline. . .	5.51	25.70	10.80	2.03	17 »
— d'œuillette . . .	5.36	32.50	11.70	3.04	18 »
— de noix.	5.24	34.60	9.00	0.73	»
— de madia	5.06	31.60	15.00	3.47	»
— de colza	4.92	28.30	10.00	3.14	16.50
— de lin.	5.60	28.30	9.00	2.37	25.50
— de chènevis. . .	4.21	34.40	6.10	3.43	»
— de coton	4.02	23.30	9.10	0.47	12.50

De ces aliments, on utilisera ceux qui peuvent être produits économiquement sur la ferme; les autres seront achetés en se guidant sur leur valeur nutritive ou intrinsèque, comparée à leur valeur commerciale du moment. Enfin, on utilisera les déchets de ménage ou d'industrie dont on pourra disposer, comme les eaux de lavage de la ferme ou les eaux de vaisselle des casernes, les résidus de féculerie ou d'amidonnerie, etc.

Nous observerons que les racines données à l'état cru doivent être préalablement divisées en fragments assez ténus pour ne pouvoir, en aucun cas, déterminer la strangulation. Les grains macérés dans l'eau tiède et légèrement salée sont aussi assimilables et plus économiques que la même quantité des mêmes grains réduits en farine. Quant aux tourteaux, il n'en faut faire qu'un prudent usage, de celui de colza en particulier, et ne point dépasser la dose quotidienne de 0 kilogr. 500 à 1 kilogr. par tête, selon la taille de l'animal.

L'alimentation des porcs à l'engrais est soumise aux mêmes principes que celle du bœuf et du mouton, savoir : propreté et régularité minutieuses dans les repas ; variété dans la composition de la ration et le choix des aliments ; quantité discrétionnaire, mais jamais surabondante ; aliments de plus en plus recherchés, nourrissants, condensés, à mesure que l'engraissement progresse. Dans l'engraissement d'un animal quelconque, il ne saurait être question de rationnement : en effet, la solution économique du problème consiste à solliciter, à stimuler l'appétit de l'animal, afin de lui faire consommer de bon gré la plus grande quantité possible d'aliments bien choisis et de bonne qualité. En conséquence, on le doit nourrir à discrétion, mais ne lui rien laisser gaspiller; aussi son auge sera-t-elle soigneusement nettoyée aussitôt après chaque repas. C'est pour réveiller son appétit qu'on lui fera prendre un léger exercice, car l'engraissement est une maladie durant laquelle l'inappétence se produit de temps en temps et coïncide avec un arrêt d'accroissement, sinon avec une perte de poids; c'est dans le but de solliciter sa gourmandise que l'on variera souvent les aliments ou qu'on y ajoutera quelque condiment.

Voici quelques rations de porcs à l'engrais de composition variée :

NATURE DES ALIMENTS.	1er MOIS.	2e MOIS.	3e MOIS.
	kil. gr.	kil. gr.	kil. gr.
Carottes crues	10	»	»
Drêche.	5	»	»
Seïgle cuit	2	»	»
Tourteau de colza. . . .	0.500	»	»
Pommes de terre cuites.	»	8	6
Farine d'orge.	»	2	2
Tourteau de lin.	»	0.750	1.500

A la ferme agricole industrielle de Bresle, M. Hette faisait consommer à ses porcs à l'engrais la ration suivante :

	kil. gr.
Farine d'orge.	0.266
Tourteau de colza.	0.406
Betteraves crues	0.580

kil. gr.

Pulpe de betteraves pressée 0.697
Viande cuite 0.580

Il nous paraît inutile de multiplier ces exemples, tant la question est à la fois complexe et simple : complexe, parce que les ressources de chaque ferme sont extrêmement variables; simple, si l'on se reporte aux principes exposés ci-dessus.

La période d'engraissement d'un porc varie de deux à cinq mois et dépend de l'âge de l'animal, de sa race, de sa taille, de sa conformation, du régime auquel il a été antérieurement soumis, de celui enfin qu'on lui fera suivre. Il est évident que, pour arriver à l'état désiré d'embonpoint, il faudra plus de temps et une plus grande quantité d'aliments à un porc maigre qu'à celui qui se trouve déjà en bon état de chair, plus à celui mal conformé ou de race commune qu'à celui de formes harmonieuses et de race améliorée, à celui de grande qu'à celui de petite taille.

L'influence de la race et de la conformation, la seule à peu près démontrable par des chiffres, sera mise en évidence par l'expérience suivante faite à Coverden (Hesse électorale) en 1859. Elle dura 37 jours et porta sur 24 animaux, dont 10 de race Suffolk pure, 10 de croisement Suffolk-Allemand et 4 de race Allemande pure; en voici les résultats :

RACES OU CROISEMENTS DES ANIMAUX.	POIDS VIF INITIAL.		POIDS VIF FINAL.		ACCROISS' TOTAL.		ACCROISS. MOYEN par jour et par tête.
	Total.	Par tête.	Total.	Par tête.	Ensemble	l'ar tête.	
	kil.	kil. gr.	kil.	kil. gr.	kil.	kil. gr.	k. g.
10 porcs suffolk.....	537 »	53.700	758 »	75.800	221 »	22.100	0.597
10 — suffolk-allemand....	481 »	48.100	677 »	67.700	196 »	19.600	0.530
4 — allemands..	176 »	44 »	234 »	58.500	58 »	14.500	0.392

On pourra d'ailleurs rapprocher ces chiffres
de ceux fournis par l'expérience de M. Parent
et rapportés dans le chapitre précédent, où l'accroissement diurne moyen des porcs Leiscester
s'éleva à 0 kilogr. 293, celui des Leicester-Poi-
tevins à 0 kilogr. 297 et celui des Poitevins purs
à 0 kilogr. 249 seulement.

Au point de vue financier, nous citerons
encore plusieurs expériences comparatives.
M. de la Tullaye, grand éleveur, à Château-Gon-
thier, mit à l'engrais, le 27 novembre 1856,
deux porcs Craonnais choisis, âgés de 7 mois,
pesant ensemble 220 kilogr. vif, et trois porcs
New-Leicester, dont deux âgés de 6 mois et
demi et l'autre de 4 mois et demi seulement,
pesant ensemble 135 kilogr. L'expérience fut
terminée le 31 janvier 1857, après 65 jours, et
donna les résultats suivants, l'orge étant comptée
à 10 francs l'hectolitre et les pois à 16 francs :

	CRAONNAIS.	NEW-LEICESTER.
Poids vif initial	220 kilogr.	135 kilogr.
Poids vif final	317 —	306 —
Poids acquis	97 —	171 —
Consommation totale en orge.	11 hectol.	8 hectol.
— — en pois	2 —	» »
Dépense totale en argent	147 fr. 50 c.	84 fr.

Le prix de revient du kilogr. vif d'accroissement était donc de 1 fr. 52 c. pour les porcs Craonnais et de 0 fr. 49 c. seulement pour les New-Leicester. En outre, les Craonnais n'étaient-ils, dit l'expérimentateur, parvenus qu'à la moitié de leur engraissement, tandis que les New-Leicester étaient fin gras. Cette dernière remarque, néanmoins, nous semble peu justifiée, la race Craonnaise étant de haute taille, de développement tardif et nullement apte à engraisser à six mois et demi. Il est certain que les deux animaux ci-dessus, encore loin de l'adolescence, ont employé la nourriture à l'accroissement de leur corps en hauteur, longueur et largeur, à l'achèvement de leur squelette, bien plus qu'en développement de leurs muscles et en réserves adipeuses.

M. Bardonnet des Martels, d'un autre côté, rendit compte (*Annales des haras et de l'agriculture,* t. III, p. 269-270) de trois expériences d'engraissement comparatif que nous résumerons dans le tableau ci-après :

RACE DES ANIMAUX.	DURÉE de l'engraissement.	CONSOMMATION TOTALE.		
		Farine d'orge, à 0 fr. 15 le kil.	Pommes de terre cuites, à 0 fr. 03 le kil.	Son, à 0 fr. 12 le kil.
	jours.	kil.	kil.	kil.
1º Berckshire . .	85	860	860	»
2º —	51	408	510	»
3º Hampshire .	74	416	598	155

RACE DES ANIMAUX.	ACCROISSEMENT total en poids vif.	ACCROISSEMENT en poids vif par jour.	DÉPENSES totales.	PRIX du kilogr. vif produit.
	kil.	kil.	fr. c.	fr. c.
1º Berckshire .	140	1.550	154.80	1.10.50
2º —	115	2.255	76.50	0.66.55
3º Hampshire .	95	1.285	113.94	1.19.65

Ces expériences comparatives sont plus inté-
ressantes au point de vue des individualités que
des races, celles de Berckshire et de Hampshire
étant très-rapprochées.

Quant au régime, nous relevons dans les
*Mémoires de la Société d'agriculture de Cher-
bourg,* année 1851, les expériences suivantes
faites à l'importante porcherie de la ferme-
école de Martinvast, sur l'engraissement d'animaux appartenant à la race Tonquine :

DURÉE de l'engraissement.	CONSOMMATION TOTALE.		ACCROISSEMENT		DÉPENSES totales.	PRIX du kilogr. de poids vif produit.
	Carottes à 0 fr. 80 c. p. 100.	Recoupes à 0 fr. 10 c. le kil.	total en poids vif.	diurne moyen en poids vif.		
	litres.	kil.	kil.	kil. gr.	fr. c.	fr. c.
1° 193 jours ..	9.850	487	93	0.482	127. 50	1.37.07
2° 70 — ..	»	500	53	0.757	50 »	0.95 »
3° 104 — ..	2.850	550	71	0.683	77.40	1.09.10
4° 140 — ..	»	1.000	85	0.607	100 »	1.18 »

Il a donc fallu au dernier de ces animaux 11 kilogr. 880 de recoupes pour produire 1 kilogr. de poids vif, et au second 9 kilogr. 485, soit en moyenne 10 kilogr. 683; le premier de ces quatre porcs a consommé 20 litres 70 ou 11 kilogr. 385 de carottes; le troisième, 14 litres 340 ou 7 kilogr. 887, soit en moyenne 17 litres 42 ou 9 kilogr. 636, pour produire un kilogr. de poids vif. Ce chiffre s'accorde peu avec celui donné par M. Parent, d'après lequel il faudrait en moyenne, pour produire un kilogr. de poids vif chez le porc à l'engrais :

De seigle cuit.	4 kil.	160
De farine d'orge	4 »	800
De sarrasin cuit.	5 »	680
De son	8 »	200
De pommes de terre cuites. . . .	20 »	200
De carottes cuites.	28 »	400

Et d'après M. Caffin d'Orsigny :

D'avoine.	10 kil.	
D'orge	7 »	300

Des deux tableaux se rapportant aux expériences faites par M. Bardonnet des Martels et de celles faites à Martinvast, il découle un fait fort intéressant : c'est que, si nous rapportons toute la consommation à son équivalent en foin, nous trouverons la preuve que le porc est un de nos producteurs de viande les plus économiques.

DÉSIGNATION DES ANIMAUX.	CONSOMMATION TOTALE RÉDUITE à l'équivalent en foin.	POIDS TOTAL ACQUIS.	FOIN CONSOMMÉ par kilogr. acquis.
	kilos.	kilos.	kil. gr.
No 1. Bardonnet .	2.150	140	15.370
No 2. —	1.071	115	9.610
No 3. —	1.183	95	12.450
No 1. Martinvast .	2.292	93	24.640
No 2. —	500	53	9.430
No 3. —	1.064	71	14.988
No 4. —	1.000	85	11.765
MOYENNE	»	»	14.036

Or, on sait qu'il faut en moyenne, chez le bœuf et le mouton, de 20 à 25 kilogr. de foin ou l'équivalent pour produire, dans l'engraissement, un kilogr. de poids vif; 15 kilogr. est un minimum que l'on ne rencontre que sur d'excellents et jeunes animaux de la race de Durham. Ajoutons que le porc consomme volontiers des déchets qui, sans lui, resteraient sans utilisation le plus souvent, comme les eaux grasses, les débris de cuisine, etc.

Si nous appliquons à un porc du poids vif

initial de 100 kilogr. la ration que nous avons indiquée à la page 182, nous obtiendrons les résultats probables que voici :

PÉRIODES.	NATURE DES ALIMENTS.	VALEUR DES 100 KILOGR.	QUANTITÉ TOTALE.	VALEUR TOTALE EN ARGENT.	VALEUR TOTALE EN FOIN.	POIDS VIF MOYEN.	RATIONNEMENT.
		fr. c.	kil. gr.	fr. c.	kil. gr.	kil. gr.	p.100
1er mois.	Carottes crues..........	1.20	300 »	3.60	100 »	»	»
	Drêche................	1.60	150 »	2.40	75 »	»	»
	Seigle cuit........	21.25	60 »	12.75	32 »	}110.500	7.33
	Tourteau de colza.......	14 »	15 »	2.10	36 »	»	»
	TOTAUX.........	»	»	20.85	243 »	»	»
2e mois.	Pommes de terre cuites..	4.25	240 »	10.20	90 »	»	»
	Farine d'orge...... ...	20 »	60 »	12 »	120 »	}131 »	7.93
	Tourteau de lin........	22 »	25.500	5.61	102 »	»	»
	TOTAUX............	»	»	27.81	312 »	»	»
3e mois.	Pommes de terre cuites..	4.25	180 »	7.65	67.500	»	»
	Farine d'orge........	20 »	60 »	12 »	120 »	}152.500	7.96
	Tourteau de lin........	22 »	45 »	9.90	180 »	»	»
	TOTAUX.........	»	»	29.55	367.500	»	»

Le poids initial étant de 100 kilogr. vif, l'augmentation diurne moyenne de 0 kilogr. 700 pour 90 jours, le poids acquis s'élèvera à 63 kilogr. et le poids final à 163 kilogr. La dépense totale étant de 78 fr. 21 c., le kilogr. d'accroissement reviendra à 1 fr. 25 c. La consommation totale équivalant à 922 kilogr. 500 de foin, il aura fallu 14 kilogr. 644 de foin ou l'équivalent pour obtenir un kilogr. d'accroissement en poids vif.

Nous trouvons dans les *Annales de la Société d'agriculture de Cherbourg,* 1851, les résultats suivants de quatre engraissements, le poids vif initial n'étant malheureusement pas indiqué :

Nos	DURÉE de l'engraisse-ment.	CONSOMMATION TOTALE.		ACCROISSEMENT		DÉPENSES totales.	PRIX du kilogr. de poids vif produit.
		Carottes à 0 fr. 80 c. l'hectol.	Recosupe à 0 fr. :0 c. le kil.	total en poids vivant.	moyen par jour.		
		litres.	kil.	kil.	kil. gr.	fr. c.	fr. c.
1	193 jours.	9.850	487	93	0.482	127.50	1.37.07
2	70 »	»	500	53	0.757	50 »	0.95 »
3	104 »	2.800	550	71	0.683	77.40	1.09.10
4	140 »	»	1.000	85	0.607	100 »	1.18 »

Il a donc fallu au dernier de ces animaux 11 kilogr. 880 de recoupettes pour produire un kilogr. de poids vif, et au second, 9 kilogr. 485 seulement, soit en moyenne 10 kilogr. 683. Au premier, il a fallu 20 litres 70 ou 11 kilogr. 385 de carottes, et au troisième, 14 litres 34 ou 7 kilogr. 887 pour produire le même poids, soit en moyenne 17 litres 42 ou 9 kilogr. 636, quantité qui représente 4 kilogr. 500 de foin seulement. Les 10 kilogr. 683 de recoupettes correspondaient à peu près au même équivalent. Le kilogr. d'accroissement vif est revenu, en moyenne, à 1 fr. 15 c.

On peut élever le porc à peu de frais dans certaines conditions de culture pastorale, et l'engraisser encore avec peu de dépenses au moyen de divers produits spontanés du sol ou des déchets de la culture. Dans la culture intensive, son élevage et son engraissement sont moins lucratifs. Il faut bien comprendre pourtant que le prix de revient du poids acquis à l'engraissement ne constitue point du tout le prix de revient total de l'animal. Quand, engraissant celui-ci, vous ajoutez 30, 40, 100 kilogr. à son poids vif, vous élevez dans une certaine proportion la valeur vénale de l'animal pris maigre. Dans l'exemple choisi précédemment, entre autres, si, pesant maigre 100 kilogr., il a été acheté à raison de 1 fr. 10 c. le kilogr. vif, soit 110 francs, pesant gras 163 kilogr., il pourra être revendu à raison de 1 fr. 40 c. le kilogr. vif, soit 228 fr. 20 c.; dans ce cas, la dépense d'engraissement s'étant élevée à 78 fr. 21 c., le bénéfice net sera de 39 fr. 99 c. si l'on compte la valeur du fumier pour les faux frais de soins, litière, logement, etc. Dans ce cas, le prix de revient total du kilogramme de poids vif ne serait que de 1 fr. 15 c.

La différence de valeur d'un porc de poids vif donné paraît être dans le rapport moyen de 100 à 125 entre l'animal maigre et l'animal gras.

Bien que, de tous nos animaux domestiques, le porc semble le meilleur assimilateur, le producteur de viande au plus bas prix, cette viande se vend, comme nous le verrons, presque toujours plus cher que celle du bœuf et de la vache, à l'égal du veau, tantôt plus et tantôt moins que celle du mouton, dans la vente sur pied, bien entendu. Cela tient à la proportion élevée qu'il présente dans la comparaison du poids de viande au poids vif, et à la valeur des issues, en grande partie utilisables.

CHAPITRE VIII.

LE PORC A L'ABATTOIR.

Nous avons indiqué, à la fin du chapitre VI, le chiffre des existences de notre population porcine, dont le chiffre semble tendre vers une diminution. Nous avons prouvé, par les chiffres de la statistique officielle, que le poids vif par tête s'était accru, depuis trente-sept ans, d'environ 47 pour 100. Donnons-en une nouvelle preuve en indiquant le poids vif moyen des porcs sacri- fiés à Paris, aux abattoirs de la Villette, de 1856 à 1877 :

1856.	131 kil.
1862.	142 »
1867.	134 »
1872.	142 »
1877.	144 »

soit, en vingt et un ans, une augmentation de près de 10 pour 100.

Nous trouverons, en étudiant d'après les documents officiels la production de la viande

en France, une nouvelle preuve que la diminution de nombre de têtes coïncide avec une production au moins égale de viande. Voici ce
tableau comparatif :

ANNÉES.	CHIFFRE total des existences porcines.	PRODUCTION EN VIANDE		PRODUCTION totale en viande.
		fraîche.	dépecée ou salée [1].	
	têtes.	kil.	kil.	kil.
1856......	5.320.000	297.887.200	47.151.800	345.039,000
1862.....	6.037.543	345.507.400	46.801.600	392 309.000
1867......	5.890.000	324 810.800	67.780.100	392.590.900
1872......	5.825.000	328.118.400	68.421.800	396.540.200
1877......	5.755.656	398.732.800	78.486.300	477.219.100

Sur une population porcine de 6,037,543 têtes,
la statistique officielle de 1862 indique 4,292,089
têtes abattues annuellement, soit environ 71
pour 100. C'est environ un poids net par tête de
91 kilogr. et, au rendement de 75 pour 100, un
poids vif de 114 kilogr. Pour avoir obtenu, en
1877, 477,219,100 kilogr. de viande de porc,
en admettant que le poids vif fût en moyenne
de 134 kilogr. et le poids net de 100 kilogr.,
il eût fallu sacrifier 4,772,200 animaux sur
une population totale de 5,755,656 têtes. Cela
est possible à la rigueur, mais à la condition

---

[1] Les viandes indiquées sous la rubrique de *viandes dépecées
et salées* par la statistique, appartiennent à peu près exclusivement à l'espèce porcine, c'est pourquoi nous les portons à son
crédit.

seulement d'admettre que non-seulement le poids vif s'est élevé notablement, mais encore et surtout la précocité ; en effet, en 1862, on sacrifiait annuellement 70 pour 100 de la population totale ; en 1877, on en a sacrifié 83 pour 100.

Nous avons indiqué plus haut le poids net moyen des porcs abattus en France (chap. VI, page 170) ; nous y joindrons le poids vif moyen des porcs abattus à Paris :

ANNÉES.	POIDS VIF MOYEN DES PORCS ABATTUS.	
	En France.	A Paris.
1840.	91 kil.	» kil.
1852.	104 »	» »
1856.	» »	131 »
1862.	118 »	142 »
1866.	128 »	» »
1867.	» »	134 »
1872.	» »	142 »
1877.	134 »	144 »

Soit, de 1852 à 1877, une augmentation en poids vif de 29 pour 100 pour la France et de 10 pour 100 seulement pour Paris, ce qui s'explique lorsqu'on sait que les prix de vente sont généralement plus élevés dans la capitale, surtout lorsqu'il s'agit d'animaux de qualité supérieure.

Les ventes de porcs gras se font, tantôt au poids vif, tantôt au poids net ; il faut donc connaître et apprécier les rapports entre le poids de l'animal sur pied et son poids de viande probable. La statistique officielle de 1862 évaluait ces proportions comme il suit :

ANNÉES.	POIDS VIF.	POIDS NET.	POIDS NET P. 100.
1842	91 kil.	73 kil.	80.22
1852	104 »	80 »	76.92
1862	118 »	88 »	74.35

Cette diminution du poids net à mesure que s'élève le poids vif nous paraît inexplicable et doit résulter évidemment d'une erreur dans les bases adoptées par les statisticiens, qui, cherchant le poids des quatre quartiers, y auront ou non fait entrer les issues. Voici en effet les chiffres similaires constatés pour les animaux abattus à Paris :

ANNÉES.	POIDS VIF.	POIDS NET.	POIDS NET P. 100.
1856	131 kil.	85 kil.	64.89
1862	142 »	92 »	65.52
1867	134 »	87 »	65.12
1872	142 »	92 »	65.52
1877	144 »	93 »	64.59

Il est évident pour tous que le rendement d'un porc gras varie d'après deux conditions : d'abord, selon la race à laquelle il appartient et qui comporte un squelette plus ou moins fin et léger, puis selon le degré d'engraissement auquel l'animal a été poussé. Selon ces circonstances donc, le rendement du poids vif en quatre quartiers varie de 55 à 90 pour 100, savoir de

55 à 75 pour 100 pour les animaux de commerce et de 75 à 90 pour 100 pour ceux de concours, ou en moyenne 65 pour 100 pour les premiers et 80 pour 100 pour les seconds.

Nous savons déjà que la plus-value du porc maigre au même porc gras est en moyenne de 25 pour 100; recherchons maintenant le prix du kilogramme de viande. Il y a en effet deux modes d'achat : l'un, au poids net de viande, qui n'est praticable que pour un animal isolé, entre acheteur et vendeur de la même localité; l'autre au poids vivant, ou sur pied, le seul possible en foires ou sur les marchés, l'acheteur évaluant à la fois le poids vif et le poids probable de viande.

Le prix de la viande de porc est soumis à des variations plus fréquentes et non moins étendues que celui des viandes d'autres espèces; il n'en tend pas moins à une hausse générale et parallèle qui paraît pouvoir s'établir comme il suit :

La statistique officielle de 1862 constatait les prix moyens suivants du kilogramme de viande de porc chez les charcutiers :

	fr. c.
1840	0.84
1852	0.94
1862	1.26

Les statistiques subséquentes ont établi ces prix à :

	fr. c.
1856	1.35
1862	1.40
1867	1.43
1872	1.65
1877	1.69

Enfin, un autre document officiel nous fournit la décade suivante :

	fr c.
1870	1.51
1871	1.64
1872	1.67
1873	1.63
1874	1.56
1875	1.53
1876	1.65
1877	1.70
1878	1.69
1879	1.59
Moyenne décennale	1.62

C'est donc, de 1840 à 1879, une augmentation de 89,65 pour 100.

Les animaux achetés dans les fermes, les marchés ou les foires sont transportés, jusqu'à l'abattoir où ils doivent être sacrifiés, dans des voitures ou en chemins de fer. Leur conduite à pied serait fort dangereuse et en même temps très-coûteuse, ces animaux fatiguant d'autant plus qu'ils sont en état de graisse plus avancé, étant alors menacés d'apoplexie, surtout quand la température est chaude ou froide, ne pouvant accomplir en tout cas qu'un court trajet à une allure très-lente, éprouvant de ce fait, enfin, une perte de poids très-notable.

L'abatage du porc se pratique généralement par effusion de sang, le charcutier ouvrant les gros vaisseaux du cou (carotide et jugulaire). C'est là une opération barbare et cruelle; cette lente agonie est précédée et accompagnée de cris bruyants qui dénotent la crainte et la douleur, et ameutent, dans les campagnes, toute la population juvénile qu'elle familiarise avec le spectacle du sang versé. Pourquoi ne point faire précéder l'égorgement par l'assommage à l'aide d'une masse dont on frapperait la victime au front, paralysant ainsi la pauvre bête, éteignant sa voix, anéantissant sans doute la douleur? On assomme le bœuf afin d'éviter sa défense, on abuse de la faiblesse du porc, comme de celle du veau et du mouton.

On saigne les animaux destinés à la boucherie afin d'en obtenir une viande plus blanche et d'une conservation plus assurée. Dans le porc, on recueille soigneusement le sang afin de l'utiliser dans la confection du boudin; pour cela, à mesure qu'on le reçoit dans un vase, il faut l'agiter avec la main, un bâton, une fourchette, ou un brin de balai, pour éviter sa coagulation immédiate.

Quand la mort est survenue et l'écoulement du sang complet, on procède à la toilette, qui peut se faire d'après deux modes : le grillage, dans le Nord surtout ; l'échaudage, dans le Midi principalement.

Lorsqu'on veut procéder par le grillage, on commence par arracher avec la main toutes les soies qui peuvent être utilisées dans le commerce, lequel les emploie à la confection des gros pinceaux ; on place ensuite l'animal sur un lit de paille, on l'entoure et on le recouvre d'une couche de paille encore, à laquelle on met le feu. La paille étant brûlée, on flambe les parties qui sont restées intactes, on balaye toute la surface de la peau avec un balai de rude bruyère, puis on la racle, soit avec le dos d'un couteau, soit avec une brique ; enfin, on lave en arrosant abondamment d'eau tiède.

Lorsqu'on emploie l'échaudage, on plonge l'animal, durant quelques minutes, dans une cuve contenant de l'eau à 80 ou 90° c ; ou bien encore on l'en arrose abondamment sur tous les côtés, après quoi l'on arrache les soies, puis on racle soigneusement avec un couteau afin de compléter l'épilage. Toutes ces opérations doivent se pratiquer le plus rapidement possible.

L'échaudage laisse à la peau un aspect plus appétissant, mais il amollit la graisse et convient moins que le grillage pour les viandes de salaison. Dans le Midi, on écorche parfois le porc afin de livrer sa peau aux tanneurs et aux mégissiers ; dans ce cas, le flambage ne se fait qu'après l'écorchement.

La toilette terminée, on suspend le cadavre, la tête en haut, soit à des crochets, soit sur une échelle ; on ouvre l'animal depuis l'anus jusqu'à la gorge, en ayant bien soin de ne point offenser les intestins, que l'on enlève avec précaution, ainsi que le cœur, le foie, les poumons, l'estomac, etc. ; l'intérieur débarrassé, on le lave et l'essuie avec du linge propre, après quoi, on laisse refroidir pendant quelques heures. Ce n'est donc qu'un peu plus tard, et d'ordinaire le lendemain, qu'après avoir enlevé la tête, coupé les pieds au genou et au jarret, on coupe ou scie longitudinalement la colonne vertébrale et divise l'animal en deux quartiers pareils. On a, bien entendu, mis à part la graisse des intestins, des rognons, etc., qui, étant fondue, constituera le saindoux.

Pour la vente de la viande fraîche, les charcutiers dépècent chaque quartier en sept morceaux principaux, savoir :

1° Le jambon (la cuisse), viande de première qualité, qui est ordinairement salé en entier.

2° La longe de derrière (filet), viande de première qualité, ordinairement consommée fraîche.

3° La longe de devant (côtelettes, carré), viande de première qualité ; vendue fraîche.

4° Les côtes à saler (petit salé), viande de deuxième qualité ; se vend demi-salée et cuite.

5° L'épaule (jambonneau, jambon), viande de deuxième qualité ; se vend fraîche et cuite.

6° Le ventre, viande à saler de troisième qualité.

7° Le cou et la tête, viande de troisième qualité ; entre dans la confection de fromages cuits.

Lorsqu'on veut saler la viande du porc, on découpe la viande en morceaux du poids de 0 kilogr. 750 à 1 kilogr. 500 que l'on conserve

Fig 26. — Coupe du porc pour la charcuterie.

dans des jarres, tinettes, saloirs, charniers, etc., à l'aide du sel marin ; lorsqu'on veut fumer la viande, on la coupe en quartiers de 10 à 25 kilogr. que l'on suspend dans la cheminée.

La viande de porc, lorsqu'elle est fraîche et de bonne qualité, vient en troisième rang par ordre de valeur nutritive, après le bœuf et le poulet, mais avant le mouton et le veau. Elle est, de toutes celles-là, celle qui contient le moins d'eau et souvent le plus de graisse ; sa saveur est assez prononcée et assez agréable; malheureusement elle est un peu indigeste.

Il y a viande et viande, pourtant, comme il y a fagots et fagots. Pour le porc comme pour tous nos animaux domestiques, la viande varie en qualité suivant la nature des aliments qu'a consommés l'animal, son âge, sa race, le degré d'engraissement auquel il a été poussé.

Bien fondé est, à coup sûr, ce dicton : Dis-moi ce que tu as mangé, je te dirai ce que tu vaux ; bien différente est, comme saveur, la viande de deux animaux identiques, engraissés l'un à la porcherie avec des pommes de terre cuites, des farines et du tourteau, l'autre aux champs ou dans une forêt, de fruits ou de racines ; s'il s'agit de salaisons surtout, le dernier sera bien préférable. Nous ne pouvons envisager l'âge qu'au point de vue relatif ; il tombe sous le sens que l'animal n'ayant pas d'autre destination que l'engraissement, y est livré dès qu'il peut économiquement en profiter, c'est-à-dire lorsqu'il approche de l'adolescence, laquelle arrive plus tôt ou plus tard, suivant la race. La viande des animaux jeunes, dans toutes les espèces, est plus tendre, plus juteuse, mais moins savoureuse et surtout moins nutritive que celle des adultes; en un mot, la viande des jeunes bêtes n'est pas mûre.

Or, dans les races améliorées, c'est-à-dire précoces, bien conformées, bonnes assimilatrices, l'engraissement s'effectue de bonne heure

(8 à 12 mois); notablement plus tard pour nos
races tardives indigènes. Et, tant à cause de leur
prédisposition héréditaire que de la nature et de
la quantité des aliments qu'on leur donne, les
races améliorées produisent une proportion
considérable de lard extérieur recouvrant de la
viande à fibres sèches, grossières et dures. Ces
races peuvent convenir au goût des Anglais, des
Suédois et des Lapons; elles répondent peu à
celui des Français. Si la supériorité de la viande
des porcs français sur celle des porcs anglais est
encore niée par quelques personnes de parti
pris, elle est hautement proclamée par d'autres
amis de la vérité. Témoins ces extraits d'un
rapport officiel publié sur l'Exposition universelle de 1867 : « Les races françaises se dis-
« tinguent... par la quantité de chair musculaire
« qui est d'un tiers au moins supérieure à celle
« que fournit la race anglaise : membre de la
« commission de rendement, j'ai pu constater
« que, sur un poids total de 75 kilogr., le porc
« anglais ne donnait que 25 kilogr. de viande,
« tandis que le porc français de même poids
« fournissait juste le double, 50 kilogr., par la
« qualité de la viande toujours supérieure à celle
« de la viande anglaise pour subir les diverses
« transformations de l'art du charcutier... La
« partie grasse, le lard notamment, s'il n'est pas
« inférieur en qualité au lard du cochon fran-
« çais, tout au moins ne répond pas au même

« degré aux habitudes culinaires et au goût des
« consommateurs. Le premier fond, pour ainsi
« dire, à la cuisson, tandis que le second reste
« ferme et résistant, et perd beaucoup moins de
« son volume par l'ébullition. » (*Rapp. du jury
internat.* t. XII, p. 339.)

Ce dernier reproche a été traduit en chiffres
dans les expériences de Baudement sur la viande
des porcs primés au concours de Poissy.

RACES OU CROISEMENTS.	AGE.	VIANDE		PERTE p. 100	VIANDE		PERTE p. 100
		crue.	rôtie.		crue.	bouillie.	
	mois.	kil. gr.	kil. gr.		kil. gr.	kil. gr.	
Augeronne.........	14	1.500	1.085	28	0.450	0.450	0
New-Leicester.....	41	1.500	1.165	22	0.450	0.430	4
Essex..........	15	1.500	0.980	30	0.450	0.435	3
Colleshill-Berckshire.	24	1.500	1.135	24	0.450	0.425	6

Nous pensons que les résultats eussent été
plus frappants, si l'on avait comparé des animaux de race Française pure avec des Anglais
purs, le Lorrain avec le New-Leicester, par
exemple, engraissés avec des aliments identiques.

Ce n'est pas que nous reprochions aux races
améliorées la qualité de leur viande et de leur
lard ; ces races nous peuvent, nous doivent servir
de type améliorateur ; dans le croisement, elles
fondront leurs qualités et leurs défauts avec ceux
de la race indigène, pour nous fournir des individualités notablement améliorées au point de

vue de leurs facultés et de nos besoins. Ce qu'il
nous faut avant tout, c'est de la viande en quantité suffisante et à prix assez bas pour que chacun
en puisse manger selon les besoins, dût la qualité s'en amoindrir un peu. Mais certains croisements aidés de certaine alimentation permettent d'obtenir à la fois quantité et qualité, témoin
les Hampshire-Berckshire engraissés au gland,
mets savoureux et digne d'un poëte gourmet;
c'est à un porc Lorrain et non pas Anglais, à coup
sûr, que Ch. Monselet dédia son fameux son-
net :

> Car tout est bon en toi : chair, graisse, muscle, tripe !
> On t'aime galantine, on t'adore boudin.
> Ton pied dont une sainte a consacré le type [1],
> Empruntant son arome au sol périgourdin,
> Eût réconcilié Socrate avec Xanthippe.
> . . . .
> Philosophe indolent, qui mange et que l'on mange !
> Comme, dans notre orgueil, nous sommes bien venus
> A vouloir, n'est-ce pas, te reprocher ta fange ?
> Adorable cochon ! animal-roi ! cher ange [2] !

Le peuple, qui n'a pas pour le porc le même
respect que le philosophe et que le poëte, le
compare souvent à l'avare qui ne fait de bien
qu'après sa mort ; quelques-uns le considèrent
comme une caisse d'épargne à laquelle on con-

---

[1] Sainte Ménehoulde.
[2] *Gastronomie, récits de table,* par Charles MONSELET.
Paris, Charpentier et Cie.

fie ses économies et qui vous les rend avec bel
intérêt. Le cochon est vorace, il est omnivore,
il est insatiable ; c'est son métier, et il n'a que
cela à faire ; mais il ne gaspille pas ce qu'il
mange, il transforme les aliments en viande et
en lard, et ses héritiers trouveront, à sa mort,
riche succession. Oui, tout se mange en lui :
chair, muscle, tripe. En lui, presque tout est
utile ou utilisable !

Le sang, parfois mélangé à celui de veau, est
employé à la confection des boudins ; sa viande
se consomme fraîche, salée ou fumée, crue ou
cuite, rôtie ou bouillie. Avec la viande enlevée
de la tête et du cou, on fabrique le fromage de
tête ; le foie sert à la confection du fromage
d'Italie ; la panne et la graisse fondues constituent le saindoux dont l'emploi est considérable
dans l'économie domestique et surtout dans
l'industrie ; les soies sont transformées en pinceaux, les intestins en cordes à violons, etc., etc. ;
avec toutes les viandes de déchet, on confec-
tionne des saucisses, saucissons, cervelas,
andouilles, etc. ; on fait des langues salées ou
fumées ; des jambons crus ou cuits, de York
ou de Mayence, de Bayonne ou de Morteau, etc.
Aussi estime-t-on le cinquième quartier d'un
porc à une somme de 4 à 10 francs par tête.

M. Boussingault a constaté, sur un porc du
poids vif de 111 kilogr., les rendements suivants :

	POIDS ABSOLU.	POIDS P. 100 du poids vif.
	kil. gr.	kil. gr.
Peau avec ses soies	10.380	10.220
Viande débarrassée de graisse . .	46.020	41.230
Lard et graisse adhérente aux os.	25.600	22.915
Saindoux	4.630	4.140
Os dégraissés	6.910	6.200
Sang recueilli.	3.240	2.900
Cœur	0.500	0.440
Poumons	0.750	0.670
Foie	1.500	1.345
Intestins, rognons, cervelle, etc.	7.120	6.350
Déjections	2.620	2.280
Déchets, perte de poids, etc. .	1.500	1.310
	111.000	100.000

Dans les villes, ce sont des industriels et commerçants spéciaux, les charcutiers (ou, comme on disait autrefois, *chaircuitiers*), qui débitent, préparent et transforment le porc en viande fraîche, salée ou fumée, en jambons, saucisses, boudins, etc. Dans nos campagnes, la plupart des fermiers ou des petits ménages engraissent ou achètent un porc gras qu'ils conservent pour la consommation annuelle au moyen de la salaison ou de l'enfumage.

Sans prétendre pénétrer dans les arcanes d'une industrie si variée, nous ne croyons pouvoir moins faire que de décrire ici les modes les meilleures de conservation pour la viande du porc, cette précieuse ressource de nos fermes. On distingue les conserves de lard du lard salé.

Pour faire des conserves de lard, on dégarnit les bandes découpées à 0ᵐ,20 ou 0ᵐ,40 de large, de toute la chair qui y adhérait, et l'on en frotte toute la surface abondamment de gros sel de cuisine finement pulvérisé, à raison de 1 kilogr. de sel pour 10 kilogr. de lard. En Angleterre, on ajoute au sel du salpêtre (nitrate de potasse) dans la proportion de 0 kilogr. 300 par kilogramme et 0 kilogr. 200 de sucre blanc en poudre. Les bandes ainsi préparées sont descendues à la cave et disposées sur des planches, de façon à ce qu'elles se trouvent en contact par leur surface interne, la peau en dehors, et l'on charge ces tas de planches supportant de lourdes pierres. Au bout d'un mois environ, on remonte le lard et on le suspend, les bandes perpendiculairement, dans une chambre sèche et aérée, pour qu'il s'y sèche et s'y conserve. D'autres fois, les bandes de lard sont déposées, à la cave, dans un saloir en pierre de 0ᵐ,40 à 0ᵐ,50 de profondeur, mais traitées de même ensuite.

Le salé se prépare en découpant la viande en morceaux de 0 kilogr. 750 à 1 kilogr. 500, rarement plus, que l'on frotte, sur toute leur surface, de sel commun pulvérisé et que l'on dispose dans un saloir, tinette ou charnier en bois ou dans des jarres en terre vernissées à l'intérieur. Ces vases doivent être préalablement nettoyés à l'eau bouillante et aromatisée, puis rincés à l'eau froide. On y dépose les morceaux de viande, serrés les uns contre les autres, en couches successives entre lesquelles on intercale un lit de sel; on termine encore par une couche de sel. Une partie des liquides contenus dans la viande dissout le sel, qui forme une saumure remplissant plus ou moins complétement le saloir; celui-ci doit être fermé aussi hermétiquement que possible pour interdire l'accès de l'air sur la viande; quand on veut prendre de la viande, il la faut saisir à l'aide d'une longue fourchette spéciale, et non avec les doigts, ce qui nuirait à la conservation.

M. A. Jourdier, dans l'*Encyclopédie pratique de l'agriculteur,* au mot SALAISON, indique un procédé nouveau qu'on peut considérer comme une amélioration du précédent : « On procède « comme nous venons de le dire; seulement, « on parsème la masse de thym, de laurier, de « sauge, de gousses d'ail, d'oignons, d'aromates « enfin, et l'on verse sur le tout quelques verres « d'eau qui provoquent la fonte du sel et « forment bientôt au fond une saumure qu'on « soutire par un trou pratiqué exprès, pour la « reverser ainsi plusieurs fois, comme si l'on fai- « sait la lessive. De cette façon, en une quin- « zaine de jours, le porc a pris sel, comme on « dit, et l'on peut alors le pendre en lieu sec sans « plus avoir à redouter la prise du goût d'*évent.* »

Reste enfin le procédé de salaison à sec des Anglais : on prépare un mélange de 10 kilogr.

de sel marin, de 0 kilogr. 300 de salpêtre et de 0 kilogr. 800 de sucre, le tout pulvérisé et étendu sur une table. Les morceaux de viande sont frottés de cette poudre et mis dans un saloir d'où on les retire cinq fois à trois jours d'intervalle pour les en frotter encore; trois jours après le dernier frottage, on essuie soigneusement et successivement chaque morceau, on le frotte avec du gros son bien sec, puis on fait sécher en suspendant dans une pièce bien aérée.

Dans les ménages de quelques contrées, on fait fumer du lard et des jambons pour la consommation domestique; pour cela, après les avoir salés par la voie sèche, on les suspend dans une cheminée, durant l'hiver; la salaison dure de quinze à vingt-cinq jours; l'enfumage, de un mois à six semaines.

CHAPITRE IX.

COMMERCE DES PORCS ET DES VIANDES DE PORC.

Depuis un siècle au moins, la population croissant toujours, le bien-être s'augmentant sans cesse, la France ne produit ni autant de bœufs, ni autant de moutons et de porcs qu'elle en consomme. En ce qui concerne le porc, elle a lié un commerce d'importation avec la Belgique, l'Allemagne et l'Italie, et d'exportation avec la Suisse; mais pour en bien apprécier les résultats, il est nécessaire d'établir une distinction fondamentale. Le commerce des porcs comprend les cochons de lait ou jeunes animaux d'élevage et les porcs adultes, gras ou maigres; or, nos statistiques englobent trop souvent dans un même chiffre ces deux catégories si différentes, procédant à l'instar de celui qui additionnerait des kilogrammes avec des kilomètres.

Voici le mouvement qui, pour les cochons de lait, s'est produit, de 1826 à 1858 :

PÉRIODES.	IMPORTATION.		EXPORTATION.	
	Porcs.	Cochons de lait.	Porcs.	Cochons de lait.
1827 à 1836 . . .	9.315	144.889	15.064	11.960
1837 à 1846 . . .	9.031	134.944	20.752	15.139
1847 à 1852 . . .	4.097	101.671	23.719	16.029
1854 à 1858 . . .	42.653	92.572	28.029	22.530

Ainsi, nous importions plus de cochons de lait que nous n'en exportions; quant aux porcs, jusqu'en 1853, nous en exportions plus que nous n'en importions; depuis cette époque, le mouvement est devenu inverse, comme le démontre le tableau suivant :

ANNÉES.	IMPORTATION.		EXPORTATION.	
	Porcs.	Cochons de lait.	Porcs.	Cochons de lait.
1856.	35.020	86.929	19.523	24.175
1862.	95.853	108.971	10.187	34.058
1867.	81.392	104.729	23.566	40.490
1872.	157.249	116.064	24.207	68.184
1877.	86.822	146.294	24.832	58.468

Nous continuons donc à importer plus de cochons de lait que nous n'en exportons, mais nous achetons aussi beaucoup plus de porcs que nous n'en vendons. Nous achetons surtout en Allemagne, en Belgique et en Italie; nous vendons surtout à la Suisse. Et ce n'est pas tout; la question se complique du commerce des viandes salées et lard dont voici la situation :

ANNÉES.	IMPORTATION d'Amérique.	totale.	EXPORTATION. totale.
	kil.	kil.	kil.
1856.	6.928.100	»	3.441.700
1862.	7.391.000	»	3.477.000
1867.	3.682.200	»	4.797.500
1872.	20.720.600	»	10.815.800
1877.	16.693.300	12.462.078	2.529.600
1878.	31.792.778	20.102.290	1.566.296
1879.	35.630.300	34.756.200	1.652.756

De 1856 à 1879, l'importation a à peu près
quintuplé; au début de la période, elle repré-
sentait environ l'équivalent de 70,000 têtes de
porcs; à la fin, elle équivalait à près de
360,000 têtes; pendant ce temps, l'exportation
tombait de 35,000 à 17,000 têtes à peu près.

C'est que, en 1872 et jusqu'en 1879, les
États-Unis d'Amérique ont jeté sur nos marchés
une quantité considérable de lards salés et fumés, de jambons et de saindoux. La population
porcine de ce pays a doublé depuis 1864, pas-
sant de 16 à 32 millions de têtes; l'exportation
seule permet de tirer parti de cette immense
production; l'Angleterre n'offrant plus un suffisant débouché, on s'est adressé à la France qui,
durant quatre ans, a été inondée de viandes et
de lards américains. On s'explique ce fait lorsqu'on connaît les détails de l'élevage zootechnique du porc par delà l'Atlantique. MM. Bead
et Pell ayant été envoyés aux États-Unis, en
1879, pour y faire une enquête agricole,

M. E. Mérice a longuement analysé leurs rapports dans le *Journal d'agriculture pratique*
(1880) ; c'est à lui que nous emprunterons les
renseignements curieux qui vont suivre :

« Le porc, en Amérique, coule la vie fort
« douce. Il se promène où et quand il veut ;
« tout ce qu'il voit est à lui. La contre-partie
« de cette liberté est qu'il doit se passer de
« logement, car les hangars ou toits à son usage
« ne sont pas du tout communs. Mais, dans le
« nouveau monde, le porc est plus aguerri que
« dans l'ancien. Il rentre rarement, et pour
« cela, il faut un hiver exceptionnellement dur.
« Il vit en plein air, sans autre abri que celui
« qu'il peut trouver de lui-même. Il a du maïs
« autant qu'il en veut, depuis le moment où il
« peut manger jusqu'à l'instant fatal de son
« introduction dans les terribles établissements
« de Chicago ou de Saint-Louis. En attendant,
« il profite de son temps et arrive de bonne
« heure à un poids énorme. Le poids vif moyen
« d'un porc tué en hiver va à 280 livres an-
« glaises ou 127 kilogr. En été, il est de
« 240 livrés ou 109 kilos. Il faut retirer 20 pour
« 100 du poids vif pour trouver le poids net.
« On ne voit nulle part d'aussi grands troupeaux
« de porcs que dans les États de l'Union où est
« cultivé le maïs. Sauf en territoire indien, on
« peut examiner mille porcs sans en trouver un
« défectueux, et il est hors de doute que la popu-

« lation porcine de l'Amérique vaut mieux que
« celle de l'Angleterre. La race dominante est
« celle du Berckshire ; ils mûrissent plus vite
« et ont une proportion de viande plus forte par
« rapport au lard. Une autre variété très-
« répandue est celle qu'on appelle Poland-
« China. Ces porcs s'engraissent vite et arrivent
« à un poids énorme ; mais la qualité de leur
« chair est inférieure à celle des Berckshire
« améliorés.

« La rapidité avec laquelle on soigne et l'on
« apprête les porcs, dans les grandes maisons
« spéciales de l'Amérique, est un fait bien
« connu. Tout ce qu'on en dira ici, c'est que le
« porc est attrapé par le pied de derrière, hissé
« en l'air, tué, saigné à blanc, échaudé, raclé,
« vidé, décapité, divisé en deux et déposé dans
« la chambre réfrigérante, en un temps variant
« de 10 à 15 minutes. Une seule maison de
« Chicago a expédié ainsi un million de porcs
« l'année dernière. On tire parti des issues de
« manière ou d'autre ; puis le porc est salé,
« assaisonné, séché ou arrangé d'une façon
« quelconque. Quoique la viande de boucherie
« soit abondante et à bon marché, on consomme
« énormément de porc en Amérique, et dans
« le Sud, il forme le principal aliment des
« classes laborieuses. Il existe encore, dans
« beaucoup de parties de l'Angleterre, des pré-
« ventions qui ne sont pas justifiées contre le

« porc américain. Sans doute, comme il est
« nourri presque exclusivement de maïs, sa
« chair est un peu coriace; il arrive aussi qu'elle
« est trop salée; mais presque tout ce qui est
« expédié en Angleterre est, sans contredit,
« sain, agréable et d'excellente qualité.

« Les porcs, en Amérique, ne sont pas sans
« être sujets à quelques inconvénients. Ils sont
« exposés à plusieurs maladies, dont la plus
« ordinaire est le choléra, qu'on appelle, en
« Angleterre, fièvre de cochons. On n'y connaît
« pas de remède, et l'on ne sait à quoi en attri-
« buer l'origine. Cette affection est contagieuse
« au plus haut degré; quelquefois elle enlève
« tous les porcs d'une région. Ses ravages sont
« tels que les cultivateurs sont parfois obligés
« de s'abstenir d'élever des porcs pendant un
« certain temps.

« De tous les animaux domestiques, le porc
« est à la fois le plus coûteux et le plus difficile
« à faire voyager vivant par terre ou par mer,
« tandis que sa chair, sous une forme ou sous
« une autre, peut être expédiée à bon marché
« à n'importe quelle distance.

« La chair de porc et le lard, à leur sortie de
« la chambre réfrigérante, ont un tout autre
« aspect qu'à leur entrée. On les y met humides,
« chauds, flasques, ternes; trente heures après,
« ils sont secs, frais, fermes, brillamment co-
« lorés, d'une consistance qui permet aux

13

« porteurs d'enlever les quartiers sur leur
« épaule ou sur leur dos. On les place sur un
« bloc massif, auprès duquel se tiennent deux
« servants armés de lourds fendoirs à longue
« lame. En quelques coups portés d'une main
« sûre, ils détachent d'abord les pieds ; puis ils
« tranchent les jambes de devant au défaut de
« l'épaule ; enfin, avec un grand effort, ils sépa-
« rent les reins des jambes de derrière ; après
« quoi, on pare les jambons avec des couteaux,
« et chaque partie distincte est placée dans un
« compartiment spécial.

« Puis, on apprête, on fait mariner et l'on
« emballe le tout, soit en morceaux, soit en
« tranches, soit en jambons. Le sel qu'on em-
« ploie est tiré de Liverpool. Les manipulations
« durent environ trois semaines. Les quartiers
« et les jambons, après avoir été lavés, nettoyés
« et séchés, sont comprimés mécaniquement
« dans des boîtes carrées en bois qui, après
« avoir été clouées, n'ont plus qu'à partir pour
« l'étranger.

« Les jambons subissent un traitement à
« part. On les laisse dix semaines environ dans
« la saumure pour qu'ils se saturent des élé-
« ments qui la composent, c'est-à-dire de sel,
« de salpêtre et de sucre. Après quoi, ils passent
« à la chambre où ils doivent être fumés ; on
« les y expose à la fumée de sciure de bois,
« comme on le fait pour les harengs à Yar-

« mouth. Puis, on leur donne un coup de
« brosse et on les coud dans des enveloppes de
« calicot, avant de leur mettre les étiquettes. Il
« ne reste plus qu'à les empiler, de vingt à
« quarante, dans les caisses de bois qui doivent
« les emporter. Les tripes et les rognures
« servent, après avoir été hachées, à la confec-
« tion de plusieurs espèces de saucissons qu'on
« fabrique suivant la convenance des localités
« qui leur servent de débouchés. Les résidus
« sont jetés dans des tiroirs chauffés à la vapeur,
« où ils sont convertis en lard de choix ; enfin,
« les rognures grasses et coriaces, la cervelle,
« les yeux et autres issues deviennent égale-
« ment du lard, mais inférieur, ou donnent de
« l'huile de lard, en grand usage aujourd'hui
« pour graisser les machines. » (*Journal
d'agriculture pratique,* n° du 28 octobre 1880,
p. 613-615.)

On aura une idée de l'importance de cet élevage et de ce commerce, sachant qu'en 1872,
neuf comtés occidentaux seulement des États-
Unis ont sacrifié et salé 4,782,403 porcs ayant
produit 612,732,453 kilogr. de viande, dont le
prix moyen était de 0 fr. 76 c. l'un.

L'inondation de nos marchés par les viandes
et lards, jambons et saindoux d'Amérique, a
fait baisser les prix de nos produits indigènes
similaires; mais cet avilissement n'a été que
momentané, et les prix n'ont pas tardé à

remonter. D'ailleurs, le mouvement d'importation semble avoir considérablement diminué, ainsi que ne tarderont pas à le constater les états de douanes, soit que le goût français n'ait pu s'accommoder de ces viandes, soit que la crainte des trichines en ait arrêté la consommation. En effet, MM. les docteurs Jollivet et Laboulbène constataient, au commencement de 1879, dans les départements de la Seine et de l'Oise, la première invasion en France de la trichinose, causée par les viandes américaines; l'année précédente, des constatations semblables avaient été faites en Algérie par M. le docteur Bertherand; des faits analogues se produisirent en Allemagne en 1878, ayant pour cause des viandes de provenance américaine aussi. Ajoutons que, étudiée et découverte en Angleterre en 1832 et 1835, la trichine (*Trichina spiralis*) fut constatée pour la première fois sur un porc d'Amérique en 1847, par Leydy. En 1874, on signala aux États-Unis plusieurs épidémies de trichinose humaine, et l'Académie scientifique de Chicago nomma une commission pour faire une enquête sur l'état sanitaire des porcs à cet égard. Les craintes de la population n'ont donc rien de chimérique, et l'on comprend que le gouvernement italien ait prudemment agi, en prohibant l'importation des animaux vivants ou de leurs viandes provenant de l'Empire ottoman, de l'Égypte et des États-Unis.

Puisque nous sommes entrés dans quelques détails sur la production du porc aux États-Unis, complétons ce chapitre par des renseignements identiques en ce qui concerne la Russie. C'est M. L. de Fontenay qui va nous édifier ; il parcourt la Russie en 1871, et arrive, entre Simbirsk et Kazan, dans une contrée où le sol, d'une valeur foncière de 160 fr. par hectare, est exploité par le système pastoral mixte : « Les porcs errent « partout en liberté ; ils ressemblent à des san- « gliers, sauf leur robe grise et blanche ; il y « en a cependant quelques-uns de noirs. Ils ont « le poil très-long et très-épais ; ils sont très- « maigres et paraissent d'un engraissement « difficile. Si les adultes étaient gras, ils pèse- « raient 100 kilogr. de viande. Depuis le mois de « mai, on ne leur donne rien ; c'est si vrai, « qu'on en lâche dans les îles du Volga, où on « les laisse sans plus s'en occuper. Ceux entre- « tenus dans le pays vont aux champs et vivent « comme ils peuvent. Ces animaux pâturent « avec acharnement la renouée, dans les en- « droits passagers. Peut-être y aurait-il avantage « à la cultiver pour les porcs, et à la leur dis- « tribuer, quand, en juillet et août, on est si « fort embarrassé pour eux. Le grand produit « des porcs consiste dans les porcelets, qu'on « mange en grande quantité, et qui sont bons « parce qu'ils ne sont pas trop gras. Les porcs « sont châtrés fort tard. Quand on veut en tuer

« un vieux, c'est-à-dire de deux à trois ans, on
« lui fait consommer 64 kilogr. de farine, et on le
« trouve suffisamment gras. La viande de porc
« vaut 0 fr. 60 c. le kilogr. » (*Voyage agricole en Russie*, Paris, Aug. Goin, page 365.)

Le commerce des porcelets et des porcs
maigres se fait, en général, sur les foires et
dans les marchés, où on les conduit tantôt à
pied, tantôt en voiture ou en wagon. Les gorets
sont exposés en vente dans des cages en bois à
claire-voie; les adultes, portant une marque
individuelle, sont exposés en troupes. Quant
aux porcs gras, ils sont vendus le plus souvent à
la ferme, mais quelquefois sur les marchés ou
les foires, où ils souffrent beaucoup de la chaleur ou du froid. On emploie, pour les trans-
porter, des voitures spéciales, dans lesquelles
sont établies trois ou quatre séparations, afin de
répartir la charge et d'empêcher que les animaux s'étouffent en s'entassant. Dans les grands
marchés et dans les grandes villes, on trouve
des langueyeurs, sortes d'experts, dont l'emploi est facultatif, et par le ministère desquels
l'acheteur peut se mettre en garde contre la
ladrerie, moyennant une faible rétribution. D'un
autre côté, une bascule municipale permet au
vendeur comme à l'acheteur de se rendre un
compte exact du poids vivant des animaux et
donne à leurs transactions une base indiscu-
table.

Les maniements du porc gras ont presque exclusivement pour but de renseigner sur la fermeté ou la mollesse du lard qui recouvre à peu près toutes les régions du corps. Aussi est-ce surtout la région lombaire que l'on palpe de toute l'étendue de la face palmaire de la main, qui en mesure transversalement la largeur.

Quant aux animaux maigres, leur âge, leur conformation, l'aspect de leur peau, la nature (abondance et finesse) de leurs soies, leur air de bonne santé dénoté par leur vivacité, sont les conditions déterminantes de leur choix, si nous y joignons pourtant leur race ou l'origine de leur croisement.

Relativement à la valeur commerciale des porcs, outre les circonstances d'âge, de race, de conformation, etc., elle est encore influencée, dans les animaux adultes, gras ou maigres, par le sexe. La femelle grasse se vendant généralement 10 pour 100 moins cher que le porc adulte castré jeune, cette défaveur réagit sur les mêmes animaux maigres. Il n'en est pas de même des porcelets, la gorette pouvant être livrée à la reproduction.

CHAPITRE X.

DE LA PORCHERIE.

On nomme *porcherie, toit à porcs, têt, écurie à porcs,* etc., le logement destiné aux porcs de différents sexes et âges, à l'élevage ou à l'engraissement.

Le logement des porcs doit répondre à diverses conditions d'hygiène favorables, les unes à l'entretien de la santé, les autres au produit que l'on cherche à obtenir des animaux. Ces conditions d'hygiène doivent donc varier avec les circonstances culturales et zootechniques.

Le premier but à viser, c'est d'entretenir en santé les animaux d'élevage et de reproduction : bon air, lumière, exercice suffisant, vaste espace, propreté. Les animaux à l'engrais, au contraire, exigent une demi-obscurité, une loge moins spacieuse, une température modérée et régulière, mais plus chaude et plus humide, et, comme les précédents, air pur et propreté.

Le porc craint, bien plus que nos autres animaux domestiques, les extrêmes de température, la chaleur et le froid, qui l'exposent l'un et l'autre à de dangereuses apoplexies. Les truies portières après le part, et leurs jeunes gorets, sont particulièrement sensibles au froid ; tous et à tous les âges redoutent une chaleur trop forte, un froid sec et surtout un froid humide, cause de rhumatismes articulaires et de rachitisme chez les jeunes.

Nous mesurerons donc à chacun, suivant son âge et la phase de son développement, suivant sa taille et son poids, selon le produit que nous en attendons, la lumière, l'air, la chaleur et l'espace. A tous, nous accorderons bon lit et bonne table, place à l'eau et au soleil.

Pour procéder méthodiquement, divisons ce sujet complexe et traitons d'abord de l'orientation de la porcherie et du choix du terrain.

La porcherie ou plutôt les hôtes qu'elle renferme répandent à une assez grande distance une odeur spéciale et peu agréable ; il faut donc qu'elle soit éloignée des bâtiments d'habitation. Mais comme elle exige des soins constants et une surveillance assidue, des manipulations fréquentes, il faut installer auprès d'elle la cuisine des animaux, le logement du porcher et le magasin aux racines, savoir : le magasin dans le sous-sol, la cuisine au rez-de-chaussée et le logement au premier. Cet emplacement ne sera

point trop éloigné de la grange ni de la plate-
forme à fumier, en vue du service des litières et
des engrais. Le meilleur site serait un petit
enclos placé en dehors des murs de cour de la
ferme, mais communiquant avec elle, afin d'obtenir un isolement favorable à la reproduction
et à l'engraissement des porcs, et aussi une
séparation plus complète d'avec l'homme et les
autres animaux.

La porcherie, comme les logements de tous
les autres animaux domestiques, et plus spécialement peut-être encore, doit être construite en
terrain sain, c'est-à-dire sec et un peu élevé.
L'exposition la plus favorable varie avec le climat : ce sera celle du sud dans le Nord, celle
du levant ou du couchant ensuite, jamais celle
du nord-ouest ni du nord. La porcherie de Grignon (grande ferme) est exposée partie à l'est,
partie au sud et partie enfin au nord, parce
qu'elle occupe trois côtés d'une cour rectangu-
laire. La porcherie de la ferme de Vincennes
(près Paris) regarde le couchant ; enfin, les
vacheries circulaires, comme celle de Courcelles-sur-Seine, donnent au choix toutes les
expositions. Nous n'avons pas besoin d'ajouter
que des abris contre le vent et contre le soleil,
contre le froid ou contre le chaud, peuvent
autoriser toutes les expositions ; qu'en cas d'humidité naturelle ou artificielle du sol, un drai-
nage en pierres sèches ou en tuyaux opéré sous

le bâtiment ou autour de lui, suffit pour l'assainir ; qu'enfin une condition déterminante de l'emplacement sera la proximité et le niveau de l'eau qu'on y pourra amener.

Selon le nombre de têtes que l'on présume devoir réunir simultanément pour la reproduction, l'élevage ou l'engraissement, on donnera à la porcherie plus ou moins de développement, c'est-à-dire que l'on y disposera un plus ou moins grand nombre de loges d'étendue variable ; les bâtiments annexes recevront des développements proportionnels, cela va de soi.

Dans les fermes de moyenne étendue où l'on ne pratique l'engraissement que pour les besoins du ménage, une ou deux loges suffisent ; si l'on nourrit une truie portière, il en faudra trois au moins : l'une pour la mère, une seconde pour les jeunes femelles, et une troisième pour les mâles après le sevrage. Si l'on se livre simultanément à la production, à l'élevage et à l'engraissement, il faudra une véritable porcherie comprenant des loges pour verrats, truies portières, gorets mâles et femelles de divers âges et porcs à l'engrais. Nous ne nous occuperons point ici de la loge isolée ou des quelques loges suffisantes aux petites fermes, leur disposition et leur installation devant être entièrement semblables à celles de chacune des loges de la grande porcherie. Mais celle-ci nécessite des dispositions un peu spéciales relativement au

service d'ensemble, et ce sont ces questions que
nous allons étudier.

Suivant l'importance de l'industrie porcine,
selon la configuration et la superficie de l'emplacement, le prix de la main-d'œuvre et des matériaux, on peut avoir à choisir entre l'installation
simple, double ou circulaire, les unes et les
autres pouvant être fermées et couvertes ou à
tous vents et sous hangars.

A. *Porcherie simple*. — Le type le plus commun consiste en quatre murs percés d'une seule

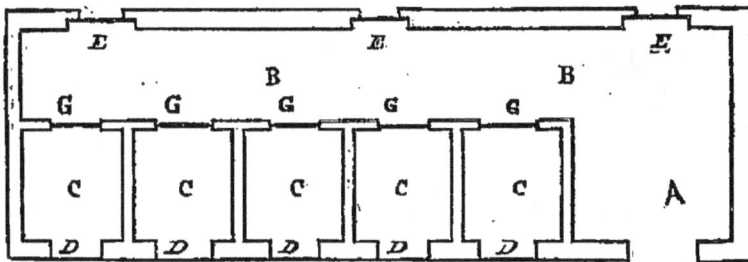

Fig. 27. — Porcherie simple.

porte ; l'auge D est placée dans l'épaisseur du mur
de façade, s'ouvre en dehors et se ferme par un
volet à charnières ; la porte est pleine, à deux
vantaux, l'un inférieur, l'autre supérieur ; un
corridor B, qui donne dans le vestibule d'entrée
ou cuisine et magasin A, dessert en même temps
chaque loge, qui s'y ouvre par une porte G ; ces
loges ne sont fermées qu'à la hauteur de 1^m,40
environ. Cette disposition suppose que les animaux sont soumis au régime de la stabulation

permanente et ne convient que pour les animaux
à l'engrais tout au plus.

On peut le modifier avantageusement : 1° en
plaçant une porte C à chaque loge ; 2° en établis-
sant une petite cour F devant chaque loge ; 3° en
disposant l'auge D sur le corridor de service. La
porte des loges s'ouvre en deux parties, dont
la supérieure est installée en forme de persienne

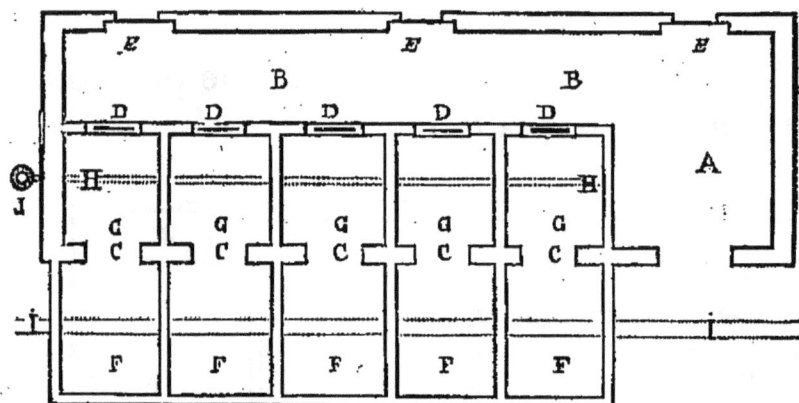

Fig. 28. — Porcherie double.

et peut se transformer à volonté en vantail plein
ou à claire-voie, à l'aide d'un verrou. Cette
installation pourra devenir parfaite si les loges
sont parquetées de briques sur champ avec
ciment hydraulique laissant un ruisseau pour
l'écoulement des urines au dehors, et si les
cours à litière sont traversées d'un ruisseau
d'eau claire traversant une baignoire pavée dans
chacune.

Dans les pays chauds, dans le midi de la
France, par exemple, au lieu de construire des

loges d'élevage closes et couvertes, on peut établir une porcherie sous hangar, c'est-à-dire formée de compartiments en briques, élevés de 1^m,60 au-dessus de terre ; à 2^m,60 de hauteur, on installe un grenier, de sorte qu'il reste, au-

Fig. 29. — Porcherie sous hangar (élévation).

dessus des loges, un espace libre d'un mètre pour la circulation de l'air. Pendant les froids trop vifs de l'hiver, de petites solives étendues sur les cloisons séparatives et recouvertes de bottes de paille permettent de préserver les animaux d'un froid trop intense.

B. *Porcherie double.* — La porcherie double, qui figure deux porcheries simples accolées dans leur longueur, présente certains avantages lorsqu'on a à loger un nombre un peu important d'animaux : elle économise un peu de super- ficie relative, parce qu'un seul couloir suffit au lieu de deux ; elle diminue un peu les besoins en main-d'œuvre, la distance de la cuisine aux loges étant moindre ; elle est un peu moins coûteuse, par tête logée, le cube de maçonnerie étant moindre, et le prix de la charpente à peine plus élevé. D'un autre côté, il y est plus

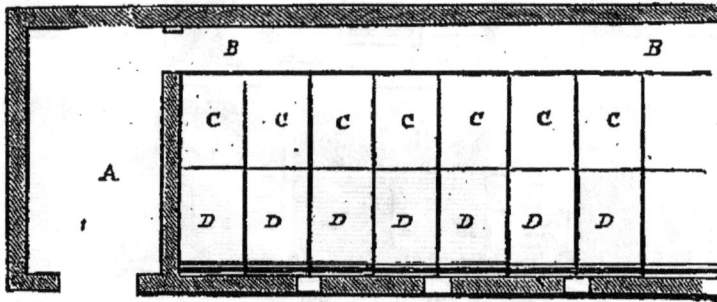

Fig. 30. — Porcherie sous hangar (plan).

difficile d'isoler, de séquestrer les animaux en cas de maladies contagieuses. C'est néanmoins la disposition adoptée pour la plupart de nos grandes porcheries, comme celles de l'ancien Grignon, de Petit-Bourg, de Vincennes, de Bois-Bougy, de Feuquières, etc.

D'ordinaire, deux rangs de loges placés tête à tête, disposés en longueur égale de chaque côté de la chambre centrale servant de cuisine et de magasin, sont desservis par un seul cor- ridor sur lequel s'ouvrent et la porte des loges et le volet des auges ; par chacune des façades extérieures, d'autres portes ouvrent sur des cours à litières C garnies de baignoires ; il en résulte que le grand axe du bâtiment doit être

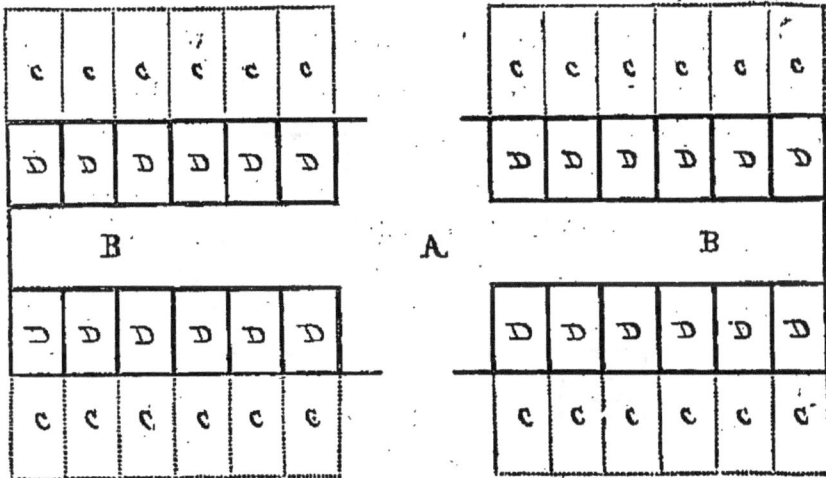

Fig. 31. — Porcherie double (plan).

dirigé du sud au nord, afin que les cours soient

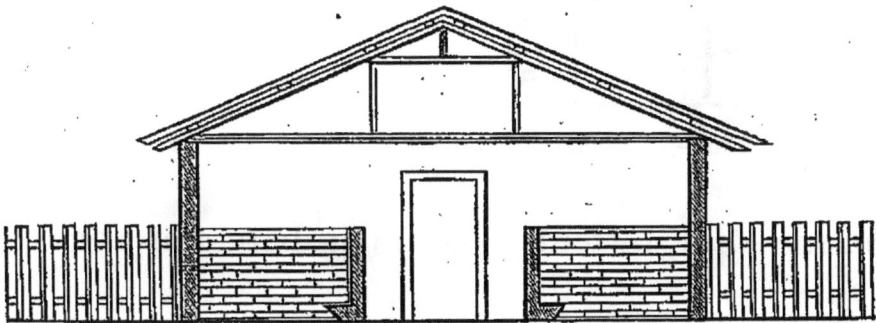

Fig. 32. — Porcherie double (coupe).

frappées, les unes par le levant, les autres par le couchant. (Voir fig. 31 et 32.)

La disposition des lieux oblige parfois, au lieu d'une disposition rectiligne, comme la pré-

cédente, d'adopter, comme à la ferme de Feuquières, la disposition en équerre, c'est-à-dire
les deux séries de double rang de loge venant
se rassembler à angle droit sur le magasin et la

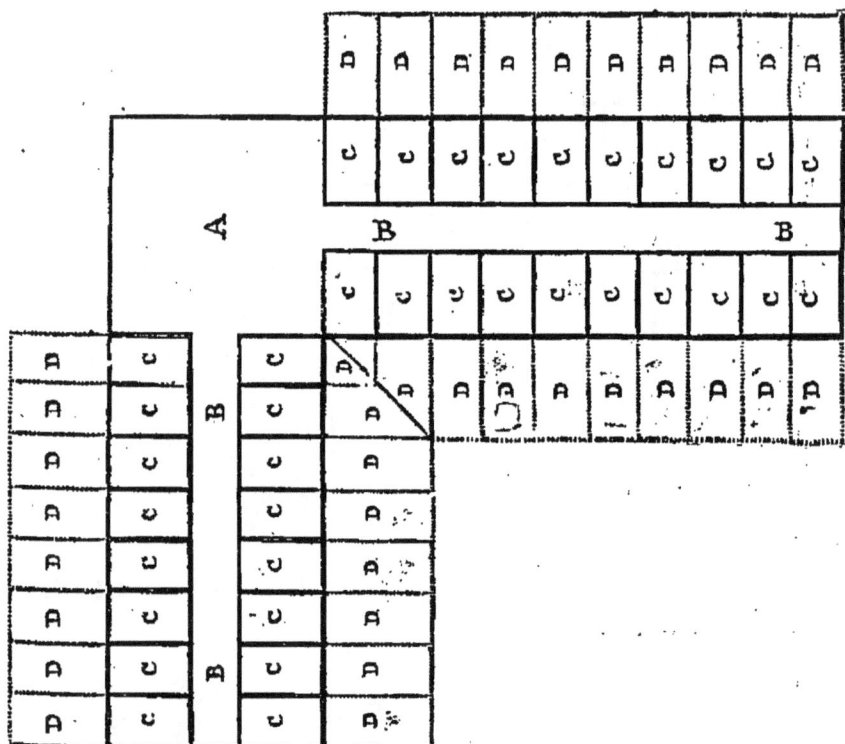

Fig. 33. — Porcherie double avec cours en équerre.

cuisine, qui restent toujours le bâtiment central.

C. *Porcherie circulaire*. — De la disposition
en équerre à celle en fer à cheval ou demi-
circulaire, il n'y a qu'un pas, et bien moins de
distance encore de cette dernière à la forme
complétement circulaire : c'est-à-dire, une

rotonde centrale servant de magasin, de cuisin

Fig. 34. — Porcherie de Courcelles-sur-Seine (Aube), appartenaut à M. le comte de Launay.

et de logement pour le porcher, des cases dis

posées concentriquement autour de ce bâtiment central, sur lequel ouvrent toutes les auges, et enfin la circonférence extérieure garnie de cours à litière et à baignoires, une pour chaque loge. (Voir fig. 34, 35 et 36.)

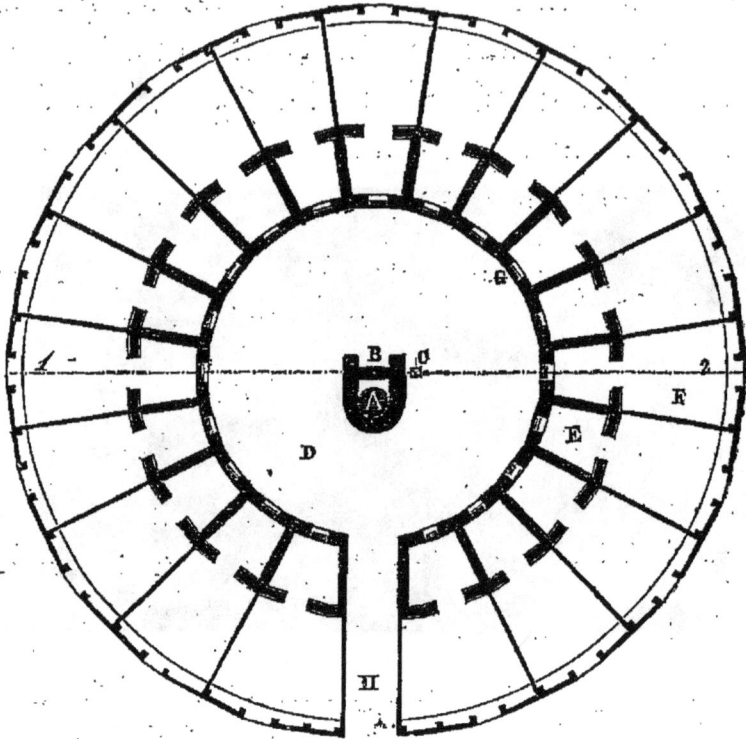

Fig. 35. — Plan de la porcherie de Courcelles-sur-Seine.

Si la disposition, circulaire ou demi-circulaire présente l'avantage d'occuper moins d'espace pour un nombre d'animaux donné, et de n'exiger qu'un service plus économique en main-d'œuvre, elle a, d'un autre côté, l'inconvénient de coûter fort cher d'exécution.

Après avoir esquissé les trois types principaux

d'après lesquels peut être disposée une porcherie, il nous faut aborder les principaux détails de cette construction.

Les conditions d'espace d'abord : on conçoit qu'elles varient d'après la race, grande ou petite, des animaux, le régime de stabulation ou de pâturage auquel ils sont soumis, leur sexe, le service qu'on leur demande, leur âge, etc. Le tableau suivant nous semble répondre à toutes ces indications :

SEXE, AGE, NATURE DE SERVICE DES ANIMAUX.	LOGES AVEC COURS. RACES DE		LOGES SANS COURS. RACES DE	
	grande taille.	petite taille.	grande taille.	petite taille.
	m q.	m. q.	m. q.	m. q.
Verrat reproducteur . . .	3.50	2.50	4.50	3.50
Truie portière	4 »	3.50	5.50	4.50
Porc à l'engrais. . . , . .	3 »	2 »	4.25	3.25
Gorets de 4 à 8 mois.. . .	1.50	1 »	2 »	1.50
Porcelets de 8 à 12 mois.	2.25	1.80	3 »	2.25

Avec le régime du pâturage, les cours sont à peu près inutiles ; elles sont indispensables avec celui de la stabulation ; leur superficie doit être au moins égale à celle accordée par tête dans la loge.

Les cours doivent être non dallées, mais pavées ; le dallage est glissant et peut donner lieu à des fractures des membres ; la terre battue permettrait aux porcs d'y creuser des bauges et de soulever les clôtures. Dans ces cours, on ne dépose jamais de litière, mais elles doivent être fréquemment débarrassées des excréments qui ᴸ

sont déposés. Elles doivent en outre être traversées par un ruisseau, mince filet d'eau qui
remplit des baignoires pavées comme la cour
elle-même. Ces baignoires sont des creux de

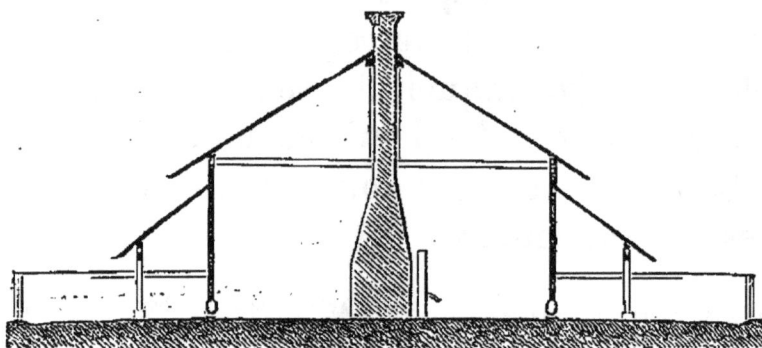

Fig. 36. — Porcherie de Courcelles-sur-Seine (Aube). — Coupe
suivant la ligne 1-2 du plan.

$0^m,33$ au milieu, de $0^m,60$ de largeur, de 1^m
de longueur, ellipsoïdes en un mot, pour que
l'animal s'y puisse laver. (Voir fig. 37, 38.)

On emploie pour le pavage des porcheries

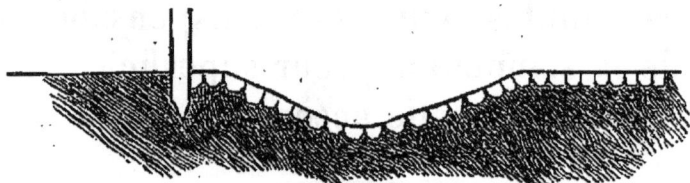

Fig. 37. — Baignoires à porcs (coupe).

un certain nombre de matériaux. Le bitume et
le ciment Coignet lui-même nous ont toujours
paru trop glissants, étant toujours mouillés ;
nous leur préférons, soit le béton, soit le bri-
quetage en briques sur champ, et surtout ce

dernier quand il est établi de bonne qualité et en ciment hydraulique. Une couche de béton de 0m,12 à 0m,15 d'épaisseur est suffisante. Ce plancher doit être parfaitement nivelé, avec une pente douce aboutissant à une petite rigole qui emmène les urines dans un ruisseau, un drain ou une citerne. Les planchers pleins en bois, les planchers également en bois à claire-voie,

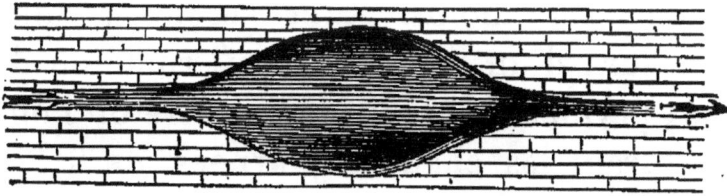

Fig. 38. — Beignoire à porcs (plan).

peuvent répondre à certaines nécessités, comme dans les pays où se produit le manque absolu de litière; ce sont des expédients, mais non des pratiques à recommander au triple point de vue de la fabrication du fumier, du bien-être des animaux et de la propreté.

Les portes extérieures des loges réclament quelques observations. Elles ne doivent, estimons-nous, ne s'ouvrir que dans un sens, de l'intérieur à l'extérieur; elles doivent être bien jointives pour interdire l'accès du froid en hiver et pour que les porcs ne les puissent soulever en insérant leur groin en dessous. D'un autre côté, afin de permettre l'aération et l'introduction de la lumière, durant le jour, les

portes doivent être coupées en deux dans le sens
de leur hauteur, et la partie supérieure doit être
disposée en un vantail à double claire-voie su-
perposée de façon que, à l'aide d'un verrou,
on puisse en faire à volonté un volet plein ou un
volet à claire-voie.

Les fenêtres seront plus longues que larges,
montées sur un axe horizontal qui permette soit
de les fermer entièrement, soit de les entr'ouvrir plus ou moins. Elles seront garnies, à
l'intérieur, d'un paillasson qui, roulé ou développé, permettra de faire la lumière ou l'obscu-
rité, durant les chaudes journées de l'été, et
d'obtenir ainsi l'éloignement des mouches et la
fraîcheur.

Que la porcherie soit simple ou double, les
loges n'étant séparées les unes des autres que
jusqu'à la hauteur de 1^m,30 environ, la venti-
lation peut s'opérer par un petit nombre de
points seulement : dans les porcheries simples,
au moyen de fenêtres ouvrant sur la façade que
longe le corridor, et par d'autres fenêtres disposées dans chaque pignon; dans les porcheries
doubles, par les fenêtres des pignons, par les
deux rangs de fenêtres des loges et enfin par un
nombre variable de ventilateurs ouverts au plafond et venant aboutir au-dessus de la toiture.

Le plafond ne sera ni trop haut ni trop bas
(2^m,25 à 2^m,40). Il devra être ourdi en terre
grasse ou mieux en plâtre sur lattes, mieux

encore voûté en briques sur fer spécial. Ce qu'il faut, c'est qu'il ne laisse point passer l'air et qu'il ne laisse point tomber de poussières. Pour entretenir en hiver une température plus douce, le grenier qui le surmonte devra être rempli de la paille destinée à la litière des animaux.

D. *Mobilier de la porcherie.* — Ces points importants décidés, nous pouvons passer au choix du mobilier spécial à la porcherie.

Certains aliments du porc devant subir la cuisson, et notamment les pommes de terre, la cuisine doit être munie d'un cuiseur économique de Stanley, de Charles, de Pernollet, etc. Ces appareils se composent d'un fourneau central, d'une cuve contenant l'eau à vaporiser et d'un second cuvier monté à bascule, contenant les racines, grains, sons, légumes, etc., où l'on introduit la vapeur. L'appareil complet, monté à bascule, pour cuire 300 litres d'aliments, coûte de 150 à 180 francs ; M. Charles (16, quai du Louvre, à Paris) fabrique cet appareil complet avec générateur de vapeur, pour 3 hectolitres d'aliments, au prix de 330 francs, et pour 5 hectolitres, au prix de 440 francs.

La seconde partie du mobilier indispensable des porcheries, ce sont les auges. Nous distinguerons les auges collectives de celles individuelles.

Les premières, les auges collectives, sont des-

tinées aux jeunes animaux que l'on renferme
en plus ou moins grand nombre dans une même
loge. Le réceptacle dans lequel on leur distribue
la nourriture doit répondre à plusieurs conditions : 1° Il ne faut pas que les gorets, turbu-
lents de leur naturel, puissent le renverser et
gaspiller les aliments; 2° il doit être inatta-
quable pour leurs dents qui ne tarderaient pas
à l'avoir mis hors de service : en pierre ou en
fonte par conséquent, et non en bois; 3° il doit
être disposé de telle façon que chaque animal
puisse manger sans entrer dans l'auge et y
souiller la pâtée; 4° enfin, que chacun, même le
plus petit ou le plus faible, puisse prendre sa
place à table, sans que les plus forts puissent
accaparer la place ou les mets. Il en résulte que
ce récipient doit être fermé et fournir au moins
autant d'assiettes isolées que la loge renferme de
têtes. A l'auge en bois, fort ingénieuse d'ailleurs, imaginée par M. Pavy (fig. 39, 40), nous
préférons les auges circulaires en fonte inventées
par Croskill (fig. 41). En effet, ces dernières ne
peuvent être renversées à cause de leur forme et
de leur poids; elles sont inattaquables par les
dents des gorets; elles comportent des séparations mobiles et assez rapprochées pour que les
gorets ne puissent entrer dans l'auge; elles
offrent huit places, nombre bien suffisant pour
la population d'une loge; enfin, le pivot vertical
qui porte les cloisons étant facile à enlever, rien

n'est plus aisé que de nettoyer l'auge et ses accessoires.

Quant aux auges individuelles destinées à un

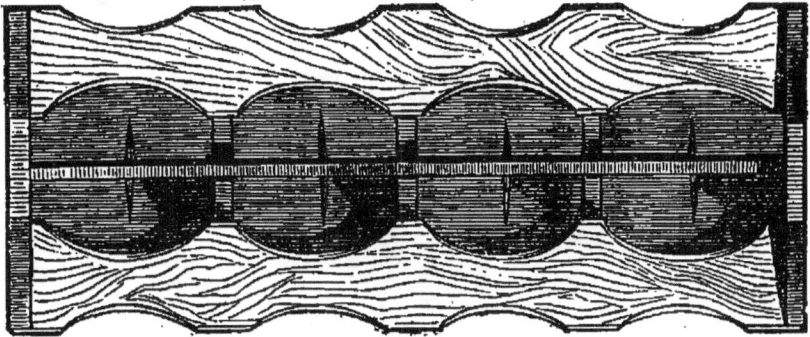

Fig. 39. — Auge à gorets. (Vue en dessus de l'auge Pavy).

ou plusieurs animaux de plus forte taille, elles ne sauraient être mobiles; nécessairement fixes, elles doivent néanmoins être d'un nettoyage

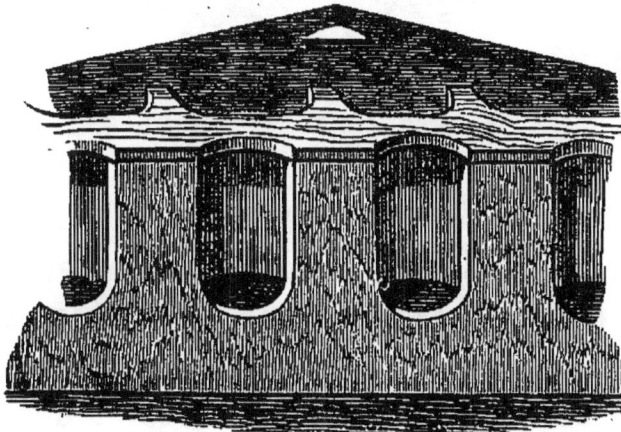

Fig. 40. — Auge Pavy. (Vue de face).

prompt et facile; il est indispensable que l'on puisse les remplir et les nettoyer sans entrer dans les loges et sans tourmenter leurs habitants;

elles doivent être inattaquables à la dent et ne
point présenter de fissures dans lesquelles les
liquides s'introduisant fermenteraient et répan-
draient une odeur désagréable; c'est dire que le
bois est exclu de leur confection. Cette auge
doit donc s'ouvrir par le dehors de la loge, dans
la paroi de laquelle elle est fixée à demeure;

Fig. 41. — Auge circulaire en fonte.

elle est en briques et ciment, ou mieux en pierre
ou encore en fonte. Un volet mobile, suspendu
au-dessus d'elle sur deux tourillons horizontaux
et muni de deux verroux, se pousse et s'ac-
croche en dedans de la loge pour interdire
l'auge aux porcs dans l'intervalle des repas;
on peut alors la vider et la nettoyer du dehors.
Lorsqu'elle est remplie, le volet vient se ver-
rouiller sur le bord externe de l'auge, et les con-
vives peuvent se mettre à table. Plusieurs com-
binaisons ont été imaginées quant à la forme du

volet, à celle du fond des auges, à la disposition
du verrou de fermeture; nous nous contenterons

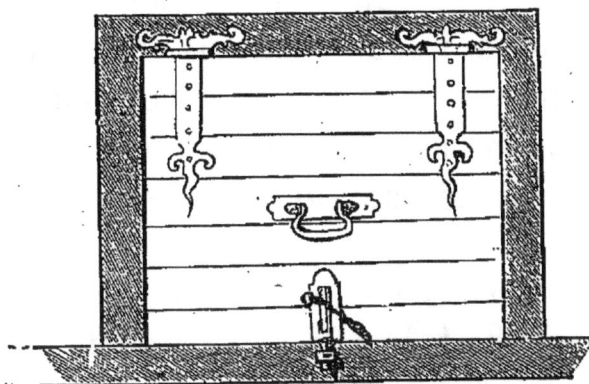

Fig. 42. — Volet de fermeture (plan).

d'en figurer quelques-unes. (Voir fig. 42, 43,
44.)

En quelque matière et de quelque forme

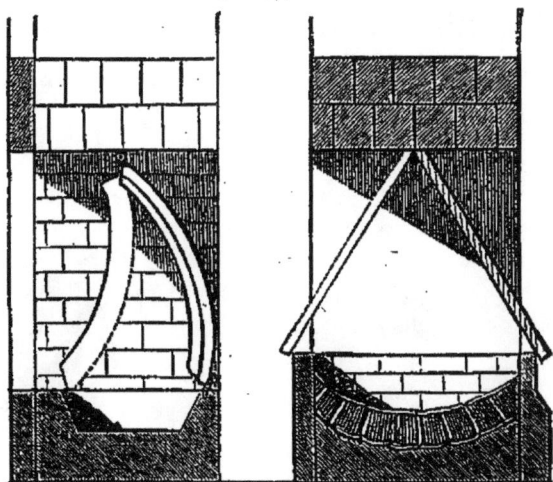

Fig. 43. Volet plat oscillant.   Fig. 44. Volet concave oscillant.

qu'elles soient, les auges doivent avoir une con-
tenance d'environ 20 litres; leur profondeur ne

doit pas dépasser 0ᵐ,20; leur largeur ordinaire est de 0ᵐ,30 à 0ᵐ,40, et leur longueur d'environ 0ᵐ,50. Leur situation au-dessus du sol doit, bien entendu, être en rapport avec l'âge ou la taille des animaux auxquels elles sont destinées, c'est-à-dire que la hauteur du bord supérieur de l'auge est placée à une distance de 0ᵐ,20 à 0ᵐ,40 de hauteur au-dessus du sol de la loge.

Nous renverrons les personnes désireuses de plus amples détails sur la construction des porcheries aux ouvrages suivants : *Guide pratique pour le bon aménagement des habitations des animaux* par Eug. GAYOT, Paris, 1866, libr. Eug. LACROIX, t. II, pages 133 à 212. — *Encyclopédie pratique de l'agriculteur*, t. XI, *Porcheries* par J. GRANDVOINET, pages 752 à 796, Paris, 1866, libr. Firmin DIDOT. — *Traité des constructions rurales,* par BOUCHARD-HUZARD.

CHAPITRE XI.

HYGIÈNE DU PORC.

L'hygiène est l'étude des conditions favorables à cet équilibre des fonctions d'où peut seul dépendre la conservation de la santé ; ajoutons pourtant que le zootechnicien a souvent pour but de rechercher jusqu'à quel point il peut violer les lois de l'hygiène sans en être puni par les dangers que pourraient, de ce fait, courir ses animaux, partie intégrante de sa fortune.

A vraiment dire, il est antihygiénique de prolonger, chez la vache, la sécrétion du lait durant neuf ou dix mois ; d'engraisser le bœuf, le mouton, le porc, les volailles, c'est-à-dire de rompre chez eux l'équilibre des fonctions et de provoquer un état de maladie au profit de l'homme civilisé. En effet, l'étude de l'hygiène du porc a pour but la conservation de la santé d'un animal soumis le plus souvent à des conditions anormales ; c'est pour lui une hygiène relative, corrective, compensatrice en quelque sorte, et non une hygiène absolue. N'est-il pas vrai, en effet, que nous le soumettons presque toujours et durant presque toute son existence au régime de la stabulation permanente; que nous le mettons à l'engrais presque dès le jour de sa naissance, afin de pouvoir le sacrifier le plus promptement possible? Mais tout au moins faut-il lui conserver l'existence, la santé!

Le porc, avons-nous dit, appartient à la famille des Pachydermes ordinaires, c'est-à-dire des animaux chez lesquels la peau épaisse ne remplit que lentement, faiblement, sa double fonction de perspiration et d'absorption. Le système tégumentaire, en effet, joue un rôle connexe de celui du poumon auquel il vient en aide : on en a la preuve lorsqu'on voit périr comme d'asphyxie un animal dont on a enduit toute la peau d'un corps gras agglutinatif, c'est-à-dire dont on a rendu la peau incapable de remplir ses fonctions.

Or, la peau, chez le porc est très-épaisse, et en outre elle repose sur une couche plus ou moins épaisse de tissu adipeux, et ne reçoit que des ramifications nerveuses relativement rares. Un animal dont la seule fonction est de manger, et que l'on fait manger le plus possible, a besoin de respirer activement pour hématoser le chyle abondant qui résulte de sa digestion; il lui faut donc, avant tout, abondance absolue ou du

moins relative d'air pur; en stabulation permanente, l'air est plus ou moins rare et surtout
plus ou moins impur, et le concours des fonctions de la peau devient encore plus urgent pour
assurer l'hématose; mais la peau ne peut fonctionner qu'à la condition qu'elle soit propre,
débarrassée des matières grasses constamment
sécrétées à sa surface par les glandes sébacées et
sudoripares, et qui retiennent, enrobent les cel-
lules épidermiques, les poussières, les corps
étrangers, formant ensemble un enduit plus ou
moins épais et imperméable.

L'instinct porte l'animal, lorsqu'il vit à l'état
sauvage, à se baigner, non pas tant pour se ra-
fraîchir en été, que pour se laver, même en
hiver. Si le sanglier, si le porc domestique moins
négligé se vautrent dans la boue des marais,
des fossés, des mares, c'est parce qu'ils n'ont
pas d'eau pure à leur portée; de même l'âne se
roule dans la poussière pour remplacer l'étrille
dont le privent l'ignorance et la paresse de son
maître. Il est donc de l'intérêt bien entendu de
l'éleveur comme de l'engraisseur de porcs de
tenir constamment à la disposition de ses animaux des bassins d'eau claire, courante ou
renouvelée, pour qu'ils s'y puissent baigner à
volonté.

Cette condition pourtant n'est pas facile à
remplir partout, mais partout on y peut sup-
pléer. Il suffit, en effet, d'un lavage hebdoma-

daire qui s'accomplit rapidement et à peu de frais de la façon suivante : l'animal étant maintenu par un aide, on enduit légèrement tout son corps avec la main d'un peu de savon vert ou noir; on frictionne ensuite avec un linge de toile imbibé d'eau, puis finalement avec une brosse en chiendent trempée à grande eau. Après plusieurs pansages ainsi faits, l'animal ne se défend plus et témoigne au contraire par son attitude tout le bien-être qu'il en ressent. Dans quelques grandes porcheries, on installe des prises d'eau sous pression, et à l'aide d'un tuyau en caoutchouc vissé sur un orifice, on donne chaque jour des douches aux animaux, durant toute la saison chaude. Non-seulement par ces moyens on entretient la peau propre et en état de fonctionner, mais encore on stimule sa vitalité et son énergie fonctionnelle.

Un animal auquel on ne demande que de manger le plus possible pour produire le maximum de viande, ne saurait sans contre-sens être admis à prendre un exercice qui correspond naturellement à une perte de substance; mais du moins doit-on, si l'on veut le conserver en santé, lui accorder un exercice limité, facultatif, la liberté de respirer l'air pur, de jouir par intervalles des excitants appelés la lumière. Trop souvent nos porcheries sont disposées pour l'étiolement de leurs habitants, et nos races améliorées se ressentent du régime qui les a produites. C'est pourquoi, à la loge obscure et chaude, à la chambre à coucher et à la salle à manger où notre prisonnier trouve le vivre et le couvert, doit-on toujours ajouter une cour, un promenoir où il puisse venir digérer, dormir, respirer, se baigner, se promener surtout, toutes les fois que le temps n'est ni trop chaud ni trop froid, dès qu'il lui plaît, pour mieux dire.

A un animal d'engrais, notre intérêt bien compris veut que nous accordions tout le confortable possible : bonne table, bon lit et le reste. Et cette question du lit est trop souvent reléguée au second plan. Proscrivez ces planchers en bois plein ou à claire-voie, expédients inventés par l'éleveur manquant de litière, ou par l'Anglais systématique qui n'entend employer les engrais que sous forme liquide. Qu'une abondante litière de paille fraîche soit chaque jour fournie aux animaux, après qu'on a soigneusement enlevé toute celle qui a été souillée depuis la veille. C'est pour les truies portières, vers la dernière période de leur gestation surtout, que s'applique cette prescription; mais elle s'étend à tous, jeunes et vieux, petits et grands, en toutes saisons, mais principalement en hiver. La litière ne fournit pas seulement un coucher plus moelleux, elle isole encore les animaux d'un plancher froid et souvent humide. Remarquez pourtant que le porc, auquel on a fait une réputation calomnieuse de malpropreté, ne fiente pas sur sa litière, mais seulement dans un coin de sa loge qu'il spécialise dans ce but.

Le sang du porc se distingue de celui des autres animaux domestiques par sa richesse plus grande en albumine et par une plus forte proportion de globules. Mais on sait que, chez tous les animaux, à mesure que progresse l'engraissement, la quantité du sang par rapport au poids total du corps diminue progressivement; d'un autre côté, le dépôt de matière adipeuse dans la plupart des tissus et jusque sur le trajet des vaisseaux constitue un obstacle mécanique qui gêne, ralentit la circulation, principalement dans les capillaires. C'est à cette double cause sans doute qu'il faut attribuer la fréquence des congestions chez le porc et la rapidité avec laquelle elles déterminent la mort par les températures chaudes et sèches et par celles dépassant —6 à 8° c. Aussi faut-il, pour lui, redouter les insolations en été, les grands froids en hiver. Combien ne voit-on pas de porcs succomber durant leur transport de la ferme au marché ou l'abattoir, en voiture découverte, par une chaleur un peu prononcée, ou durant un froid sec de l'hiver ! La marche à pied dans ces conditions serait plus dangereuse encore dès qu'il s'agit soit de reproducteurs adultes, soit d'animaux gras. Une bonne mesure préservatrice consisterait, dans le cas qui nous occupe, à arroser à diverses reprises le corps des animaux, et surtout le crâne, avec de l'eau froide légèrement vinaigrée, et à leur faire une ample litière de paille mouillée; enfin à recouvrir la voiture d'une bâche, pour l'été; en hiver, à placer le bétail dans des caisses pleines en bois, abondamment garnies de litière.

Pour être complétement sincère, nous devons confesser que le porc n'est pas exclusivement doué de vertus; il a aussi un défaut : il a le caractère fier, dit-on vulgairement; en d'autres termes, il est volontaire, entêté, capricieux, colère. L'embarquer dans une voiture, l'en faire descendre, le mettre dans une caisse ou l'en tirer sont des actes qui ne s'effectuent pas sans d'énergiques protestations de sa part; il crie et résiste, et si on le manœuvre un peu trop brusquement, après avoir été mis à bout de forces, il se couche et succombe à une congestion. Dans une portée de six gorets Berckshire âgés de huit mois, je me souviens avoir vu mourir l'un d'eux, un mâle, en moins d'un quart d'heure, à la suite d'une simple opération de bouclage pendant laquelle il s'était lamenté et défendu au possible; j'avais averti le porcher, qui n'y voulait point croire, et qui, convaincu enfin, revint trop tard, armé de son couteau, pour le saigner.

L'hygiène de la nourriture du porc consiste pour nous : à ne lui donner que des aliments de bonne qualité; à les lui présenter sous la forme la plus appétissante et la plus digestible; à les lui servir avec les plus grandes précautions de propreté; à les lui fournir à l'état de mélange dans la ration et à les varier le plus souvent possible. Les repas seront donnés toujours et invariablement à heure fixe; le repas achevé, ce qui reste dans l'auge sera immédiatement enlevé et l'auge sera complétement nettoyée. Dans l'intervalle des repas, les animaux seront laissés dans le calme le plus complet; si le temps est convenable, ni chaud, ni froid, ni humide, on laissera ouverte la porte qui donne communication de la loge dans la cour.

Enfin, nous ne saurions trop le répéter, on ne saurait entourer de trop de bien-être (en tant que ce confortable n'irait pas contre le but cherché) un animal auquel nous ne demandons que de vivre pour manger, digérer et s'assimiler la nourriture.

CHAPITRE XII.

PETITE CHIRURGIE DU PORC.

Le porc a été, par la nature, armé d'un groin qui lui sert à fouiller le sol pour y arracher les racines dont il fait sa nourriture ; c'est pour lui un puissant organe de préhension. La domestication, en le soustrayant à la nécessité de chercher lui-même sa nourriture et en mettant en œuvre la sélection, a pu diminuer la longueur de la face, amoindrir la puissance du groin ; néanmoins, laissé en liberté, le plus petit porc chinois est en état de creuser rapidement une excavation profonde, de bouleverser une vaste superficie, de renverser de hautes palissades.

C'est pourquoi les éleveurs qui n'offrent à leurs animaux que des loges et des cours non pavées cherchent à les mettre hors d'état de se servir du groin, en pratiquant sur eux le bouclage ou bouclement, opération inutile dans les porcheries où cours et loges sont pavées, nuisible dans les exploitations où les animaux sont conduits en forêts ou en marais.

A. — Le *bouclage* consiste à introduire dans le groin un engin qui, produisant de la douleur lorsque l'animal veut fouiller, lui interdit naturellement cette action.

Le plus souvent, cet engin consiste en un fragment de fil de fer du diamètre de celui d'une aiguille à tricoter, que l'on enroule sur lui-même par l'une des extrémités, que l'on aiguise par l'autre, celle que, à l'aide d'une alène, on fait pénétrer à travers le rebord du groin, à $0^m,01$ environ de son bord libre, mais sur l'un des côtés droit ou gauche, et que l'on contourne ensuite sur elle-même, également en spirale; semblable opération est faite du côté opposé. Parfois, au lieu de rouler les deux extrémités sur elles-mêmes, on se contente de les aiguiser et de les recourber, de façon que, dans l'action de fouiller, elles viennent piquer le groin.

Dans le Loiret, on emploie un clou à tête plate et trouée, dont la tige aplatie a $0^m,06$ à $0^m,07$ de long sur $0^m,004$ de large; la tête aplatie parallèlement à la tige a une forme presque triangulaire et porte à peu près $0^m,015$ de côté; elle est garnie non loin de son sommet d'un trou ayant le diamètre et l'épaisseur de la pointe. Pour la placer, on fait pénétrer la pointe affilée de la lame à la base du bourrelet du groin, d'ar-

rière en avant et de haut en bas; on abaisse
ensuite la tête dans l'ouverture de laquelle on
engage la pointe de la lame que l'on recourbe

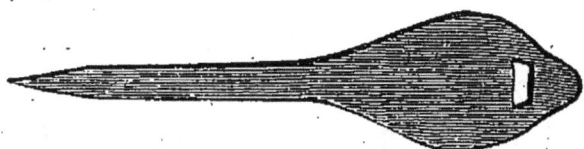

Fig. 45. — Broche pour le bouclement.

par-dessus, au moyen d'une pince ronde, pratiquant un tour et demi, afin que la pointe soit
dirigée vers la face inférieure du groin non pro-
tégée par la plaque. Cet engin dure plus longtemps que le fil de fer et présente moins de
chances de déchirures du bourrelet.

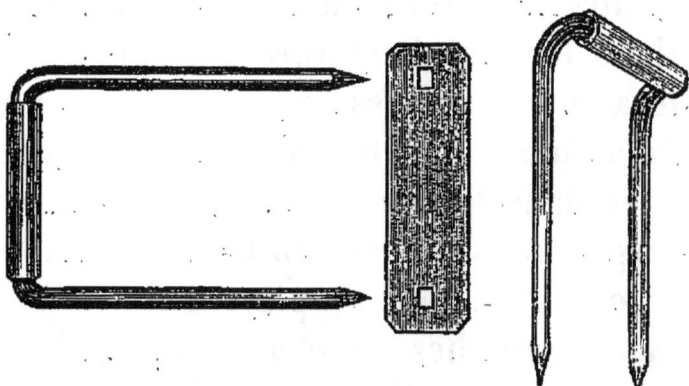

Fig. 46. — Armature à double lame pour bouclement.

En Bretagne, on emploie une armature à
double lame, très-solide et très-durable, faite en
fer doux et du prix de 0 fr. 50 c. seulement. Cette
armature (fig. 46) se compose d'un corps formant
un axe cylindrique long de $0^m,03$, auquel attien-

nent deux branches aplaties et affilées à leurs pointes; sur l'axe cylindrique roule facilement un anneau plein et un peu large, de $0^m,025$ de long. Les branches ont $0^m,06$ de longueur et $0^m,005$ de largeur; on les enfonce sans alène dans le bourrelet du groin que l'anneau mobile doit déborder de $0^m,004$ environ; les branches et l'anneau étant en place, on interpose une petite plaque de cuir épais de $0^m,045$ de long sur $0^m,015$ de large, par-dessus laquelle on recourbe en plusieurs tours de spirale l'extrémité des branches. Le cuir a pour rôle de permettre la fixation immobile de l'appareil, qui ne peut en aucun cas déchirer le bourrelet.

M. Blavette, vétérinaire de l'Orne, a décrit une autre armature en usage en Normandie et qu'il dit être solide et durable, apte à empêcher toute action de fouissement, bien que laissant à l'animal toute liberté de pâturer l'herbe et de manger dans l'auge. On prépare une bande de fer forgé, doux, de $0^m,25$ à $0^m,30$ de long, que l'on contourne sur le plat; on replie ensuite les deux branches de chaque côté, de façon à former une anse au centre de la bande (fig. 47). Ces branches mousses à leurs extrémités sont percées vers leurs courbures de deux trous placés en regard l'un de l'autre, l'un rond, l'autre ovale. On prépare, d'un autre côté, une petite clavette en fer, pourvue à l'une de ses extrémités d'une tête aplatie à l'autre de même que la pointe

d'une lame de clou à ferrer les chevaux. Pour
mettre l'appareil en place, on pratique dans le
rebord du groin, avec une alène, deux trous
dans lesquels on introduit la bande de fer, de
façon que l'anse de celle-ci embrasse, en arrière
du groin, les deux tiers supérieurs de la largeur
de ce bourrelet; il n'y a plus qu'à fixer l'engin
à l'aide de la clavette que l'on passe dans les
trous de la bande de fer et que l'on rive ensuite.

Nous mentionnerons seulement, parce qu'ils

Fig. 47. — Armature à clavette pour bouclement.

sont difficilement praticables par l'éleveur et du
ressort presque exclusif du vétérinaire, les procédés purement chirurgicaux et anatomiques au
moyen desquels on peut empêcher le porc de
faire usage de son groin pour fouiller. Ce sont :
1° l'incision du bourrelet sur un ou plusieurs
points, en évitant d'atteindre l'os du boutoir;
2° la section des tendons des muscles releveurs
du groin (*sus-maxillo-labial*) proposée par Erik
Viborg, et peu efficace, de son aveu même.

B. — La *saignée* a pour but de provoquer
une évacuation sanguine, soit dans la circulation
générale, soit dans une région déterminée du
corps. Elle consiste d'ordinaire à ouvrir une
veine, plus rarement une artère superficielle,

au moyen d'une lancette. Pour cela, il faut
d'abord maîtriser et maintenir le sujet, ce qui
est plus ou moins difficile selon son âge, sa
taille, sa force; presque toujours il suffit de le
faire maintenir debout et immobile par un
nombre d'aides suffisants, et de le museler pour
le mettre dans l'impuissance de mordre. On
peut saigner aux veines de l'oreille, du plat
externe de la cuisse et de la queue.

Les veines de l'oreille (auriculaires) rampent
à la face interne du bord de ces organes; c'est
surtout sur leur trajet au bord antérieur que
l'on pratique la saignée. L'animal étant maintenu, on relève et renverse l'oreille sur la nuque,
on presse la veine près de la conque afin de la
faire gonfler, et lorsqu'on la juge suffisamment
remplie, on la pique avec la lancette; l'opération
donne toujours peu de sang, dont l'effusion
s'arrête spontanément et sans qu'on ait besoin
de fermer la piqûre; le plus souvent, on répète
l'opération non-seulement sur l'autre oreille,
mais même sur chacune d'elles, en piquant à
une autre place.

La veine du plat externe de la cuisse (saphène
externe), plus apparente que celle du plat interne,
passe au milieu et dans le creux du jarret. Pour
la faire saillir davantage, on applique une ligature à la partie supérieure du jarret; dès que le
gonflement est suffisant, on enfonce la lancette
profondément et un peu obliquement; la veine

roule souvent sous la pointe de l'instrument, surtout chez les animaux en état d'obésité. Cette veine donne une assez grande quantité de sang, dont on arrête l'écoulement à l'aide d'une épingle et d'une suture faite avec du crin, exactement comme chez le cheval. Pour pratiquer cette opération, on abat souvent les animaux un peu forts, et on lie ensemble tous les membres, sauf celui sur lequel on opère.

Dans les campagnes, les pâtres et les éleveurs, pour pratiquer une légère saignée, retranchent avec leur couteau un fragment du lobe de l'oreille ou un tronçon de la queue; quelques-uns incisent simplement en un ou plusieurs points le plat de l'oreille ou des oreilles, et frappent assez vivement cet organe avec un petit bâton. On n'obtient jamais ainsi qu'une petite quantité de sang, insuffisante dans les cas graves.

La saignée à la veine du cou (jugulaire) est presque toujours très-difficile, à cause de l'épaisseur de la peau et de la couche de graisse dans laquelle le vaisseau se trouve enchâssé.

On saigne parfois encore le porc, non sur des veines, mais sur des artères, soit parce que les veines des animaux gras sont trop peu apparentes, soit pour obtenir rapidement une plus grande quantité de sang. C'est le plus souvent l'artère auriculaire postérieure que l'on choisit, parce qu'elle est peu volumineuse et toujours facile à atteindre. On la cherche à la face externe;

son trajet commence de la base de la conque, et se dirige vers la pointe; c'est au tiers de ce trajet en partant de la base que l'on pratique la saignée, qui consiste à couper le vaisseau en travers avec un bistouri. Généralement, le sang s'arrête de lui-même; sinon, on entoure la base de l'oreille avec une ficelle suffisamment serrée qu'on laisse en place durant 12 ou 18 heures, ou encore en plaçant une épingle avec un point de suture.

La quantité de sang à extraire par saignée varie suivant la nature des cas qui la rendent urgente, l'âge, la taille, l'état d'enbonpoint des sujets, selon enfin que l'on saigne à des veines ou à des artères. Le minimum est de 150 grammes, et le maximum de 600 grammes environ. Il va sans dire qu'en cas de besoin, on renouvelle la saignée à des intervalles plus ou moins rapprochés.

C. — La *castration* est l'opération par laquelle on enlève une partie essentielle de l'appareil reproducteur ou l'on détermine son atrophie, de telle sorte que l'animal devienne impropre à la génération, perde de la fierté de caractère, devienne plus doux, plus calme, engraisse mieux et donne de meilleure viande. Dans l'espèce porcine, on castre les mâles et les femelles.

Les procédés de castration des mâles varient avec leur âge : on procède par ablation pour les

15.

gorets; par torsion, ligature ou casseaux, chez les adultes.

La castration des gorets doit s'opérer de l'âge de six semaines à celui de deux mois, pendant la période de l'allaitement. Un aide saisit le patient et le tient renversé en l'air, le bipède droit tenu dans la main droite, le bipède gauche dans la main gauche, la tête appuyée contre sa poitrine; dans cette position, le scrotum est mis en évidence, l'opérateur y pratique une incision sur chaque testicule qui sort de ses enveloppes, que l'on tord sur lui-même et dont on coupe le cordon en le ratissant avec la lame du bistouri, afin d'oblitérer les vaisseaux et de prévenir une hémorrhagie; on graisse la plaie avec un peu de saindoux, après y avoir projeté un peu d'eau froide, et il est rare qu'il se produise le plus léger accident.

Pour opérer des adultes mâles (verrats), il faut avant tout les mettre dans l'impossibilité de se défendre et surtout de mordre. On les musèle donc, on les renverse sur le flanc gauche sur une épaisse couche de paille; on attache deux par deux le bipède antérieur d'abord, puis le postérieur que l'on fait porter un peu en avant; l'animal est maintenu immobile par des aides et, précaution importante, doit être à jeun depuis 12 heures au moins. L'opérateur se met alors en devoir d'agir.

Par torsion : Il incise le scrotum, fait sortir

le testicule, et, le saisissant de la main droite, il
lui imprime un mouvement de rotation de gauche à droite, en même temps que, de la main
gauche, il serre entre le pouce et l'index le
cordon qui ne tarde pas à se rompre. Ce manuel
exigeant un assez grand déploiement de force,
on remplace souvent la main par deux pinces :
l'une fixe, serrant le cordon et tenue par un
aide; l'autre manœuvrée par l'opérateur, fixée
sur la partie libre du cordon, celle à laquelle
attient le testicule et qui sert à opérer la torsion.
L'opération est toujours suivie d'engorgement
du cordon et de la région abdominale, mais ce
symptôme cède à des mouchetures et à des
lotions astringentes.

Par la ligature : Le procédé est à peu près le
même, si ce n'est qu'on entoure le cordon d'un
fil ciré que l'on serre fortement, et qu'on opère
une section nette à $0^m,02$ environ en dessous de
la ligature.

Par les casseaux : On met, comme il a été
dit, les testicules à jour; puis on place sur
chaque cordon un casseau (deux demi-cylin-
dres de bois sec et dur, appliqués l'un sur l'autre par leur plat et préalablement et solidement
fixés à l'une de leurs extrémités) dont on rapproche énergiquement les deux branches en les
serrant par un nœud coulant; on coupe le cordon à $0^m,03$ ou $0^m,04$ en dessous du casseau,
ou même quelquefois on laisse les testicules

attenants au cordon. On asperge la plaie d'eau froide, et, si l'opération a été bien pratiquée, les accidents consécutifs sont rares.

La castration des femelles consiste dans l'ablation des ovaires. Elle se pratique presque toujours sur les gorettes âgées de six semaines à deux mois, mais peut s'appliquer aussi à des adultes. C'est une opération très-simple, exigeant peu de connaissances anatomiques, mais certaines précautions que la pratique transmet soigneusement aux empiriques.

La patiente est placée sur une table recouverte de paille, couchée sur le flanc gauche et maintenue par un aide qui tient d'une main les membres antérieurs et de l'autre les postérieurs, qu'il étend en arrière. L'opérateur coupe les soies à l'endroit où il doit pratiquer l'incision, soit au flanc droit, dans la région du flanc, à $0^m,01$ environ en dessous et en avant de la pointe de la hanche. Cette incision ne doit intéresser que la peau préalablement soulevée et avoir une longueur de $0^m,04$ à peu près. Dans un second temps, il incise la couche musculaire et le péritoine, puis introduit dans l'abdomen le doigt indicateur, refoule les intestins vers l'ombilic, cherche la corne de l'utérus du côté droit, et l'ayant trouvée, l'attire au dehors et la dévide jusqu'à ce qu'il arrive à l'ovaire, petite lentille rougeâtre qu'il saisit; procédant alors par torsion de l'ovaire sur son ligament, il en obtient la séparation et replace la corne utérine dans sa situation normale. Il ne lui reste plus qu'à procéder de même sur l'ovaire gauche et à pratiquer sur l'incision une suture à points passés, et finalement à oindre la plaie d'un peu de saindoux. La suture est presque le point le plus important et doit être faite avec des aiguilles courbes maniées avec une grande prudence, de crainte d'atteindre une anse d'intestins.

CHAPITRE XIII.

MALADIES LES PLUS FRÉQUENTES DU PORC.

Nous n'avons certes point, et pour cause, l'intention de faire ici œuvre de vétérinaire; nous jugeons pourtant utile à l'éleveur d'être renseigné, sommairement au moins, sur celles des maladies qui atteignent le plus souvent ses animaux, soit pour prévenir et guérir les unes, soit pour apprécier la gravité des autres et recourir à un homme compétent. Nous devons reconnaître pourtant que les cas de maladies du porc nous ouvrent deux hypothèses : l'animal est jeune, maigre et de peu de valeur, et l'on hésite alors à faire des dépenses de visites, de médicaments et de soins qui dépasseront peut-être le prix de l'animal; ou celui-ci est adulte, en bon état de chair ou même gras, et il est souvent alors préférable de le vendre ou de le sacrifier que d'expérimenter des médications qui altéreraient la saveur de sa viande, de subir l'amaigrissement qui accompagne la maladie et de diminuer sa valeur des frais du traitement. Aussi est-ce bien plus souvent pour les animaux reproducteurs de races améliorées que pour les porcs d'élevage et d'engrais que le vétérinaire est appelé.

Il y a des maladies *sporadiques* qui partout peuvent atteindre et atteignent les animaux isolés ; des maladies *enzootiques* qui, à des intervalles variables et sous l'influence de conditions plus ou moins spéciales à une contrée, fondent sur un nombre plus ou moins grand des animaux de même espèce ou de plusieurs espèces domestiques peuplant cette région ; enfin les maladies *épizootiques* qui, sous l'influence d'une cause commune, étendue, accidentelle, indépendante de toute action locale, sévissent spontanément, ici ou là, sur la généralité des animaux d'une seule ou de plusieurs espèces, une seule fois ou avec des retours irréguliers. Les maladies enzootiques et celles épizootiques peuvent être spontanées ou communiquées ; ces dernières portent le nom de maladies *contagieuses;* les premières reçoivent souvent celui de maladies *infectieuses.*

Pour mieux fixer les idées, nous dirons que l'apoplexie, la paralysie, la soie du porc, etc., sont des maladies sporadiques ; que l'entérite suraiguë du cheval, le piétin du mouton, le sang de rate des bêtes à cornes et à laine ont été jusqu'ici regardés comme des maladies enzootiques; qu'enfin la péripneumonie gangréneuse, le typhus contagieux ou peste bovine, comme le choléra de l'homme, sont des maladies épizootiques.

Certaines maladies sporadiques peuvent être contagieuses, tandis que des maladies épizootiques peuvent ne l'être pas. D'ailleurs, depuis que le savant M. Pasteur a commencé ses belles études sur le choléra des poules et sur le sang de rate ou charbon, on entrevoit que certaines maladies réputées jusqu'ici comme contagieuses ne sont que des maladies sporadiques et parasitaires, et il devient extrêmement délicat de classer les maladies d'après leur origine. C'est pourquoi nous nous bornerons à les rapporter aux divers appareils qu'elles peuvent affecter :

A. *Maladies de l'appareil respiratoire.* — 1° L'*asphyxie* peut provenir de noyade, de la présence d'un corps étranger et trop volumineux dans le gosier (œsophage) ou dans la gorge (trachée), de l'absorption de gaz irrespirables, comme dans un incendie, ou encore d'une action mécanique, comme lorsque les porcs sont entassés trop nombreux dans un wagon, une voiture ou une caisse. Des causes différentes exigent aussi des médications distinctes. Dans un cas, il faut tâcher d'extraire les corps solides, soit avec la main, soit avec des pinces, soit de les écraser; dans un autre, il faut chercher à rétablir les mouvements respiratoires, tout en stimulant la circulation par des insufflations d'air dans les poumons, des pressions successives exercées sur les côtes, des frictions sèches sur la peau, des lavements irritants, et plus tard une légère saignée.

2° La *bronchite* a pour origine le séjour dans des logements malsains, froids et humides; une amélioration dans l'hygiène des malades est donc naturellement indiquée. Le traitement ensuite consiste dans des breuvages chauds, émollients, calmants (fleurs de tilleul, mauve, sureau), des fumigations avec les mêmes infusions, des lavements irritants (eau de savon, décoction de mercuriale), et, en cas d'insuffisance, des sinapismes sous la poitrine et des breuvages chauds contenant deux à quatre cuillerées de fleur de soufre.

3° La *pleurésie*, ou inflammation de la plèvre costale, peut provenir du séjour dans une atmosphère froide et humide, de coups donnés sur les côtes ou de fracture des côtes elles-mêmes. On place le malade dans une atmosphère moyennement chaude et sèche, on lui donne des breuvages calmants et nitrés, c'est-à-dire rendus diurétiques (2 à 4 grammes de nitrate de potasse).

4° La *pneumonie*, ou fluxion de poitrine, peut être due à un passage subit du chaud au froid, ou à une exposition prolongée à un froid prononcé, au séjour dans une loge humide, à des breuvages glacés, aux coups sur la poitrine, à la fracture d'une côte, etc. Elle est plus fréquente sur les porcs adultes à l'engrais que sur les élèves et les reproducteurs, et se produit surtout au commencement du printemps, à la fin de l'automne et en hiver. C'est toujours un cas grave, et, si l'animal est utilisable, le mieux est de l'abattre. Le traitement consiste à placer le malade dans un local chaud, aéré, propre; à pratiquer une ou plusieurs saignées successives, à appliquer des sinapismes sous la poitrine, à exercer des frictions irritantes sur les membres, à donner des boissons tièdes, adoucissantes et miellées, à administrer quelques lavements irritants. Mais, encore une fois, le succès est bien rare.

5° La *pleuropneumonie,* inflammation simultanée de la plèvre et du poumon, plus grave encore que la pneumonie, se traite à peu près de même façon, sauf que l'on donne des boissons diurétiques (nitrate de potasse, bicarbonate de soude et des électuaires émétiques). Quelques vétérinaires la regardent comme contagieuse.

6° La *tuberculose* (altération morbide du tissu pulmonaire) est à tort regardée comme très-rare dans l'espèce porcine; d'après M. Toussaint, en effet, cette maladie, dans l'espèce porcine, suit une marche extrêmement rapide; les gorets issus de parents tuberculeux meurent de bonne heure ; chez les adultes qui le deviennent, une mort rapide empêche la reproduction. Toujours d'après M. Toussaint, la maladie se transmet facilement par l'ingestion de matières tuberculeuses, par l'hérédité, par l'allaitement, enfin par simple cohabitation. Tout animal reconnu atteint doit être sacrifié, et il est désirable que sa viande ne soit point livrée à la consommation.

B. *Maladies des voies respiratoires.* — L'angine (inflammation de l'arrière-bouche, du pharynx et du larynx) est due à un logement défectueux, à des transitions brusques du chaud au froid, à l'ingestion de boissons glacées, à la déglutition d'aliments trop volumineux ou de liquides irritants, à la respiration de gaz irritants eux-mêmes, à un décubitus prolongé au soleil, sur la terre froide et humide, etc. L'inflammation aiguë peut aller jusqu'à produire l'asphyxie et la mort. La médication consiste à placer l'animal dans une température chaude et un peu humide, à envelopper le cou dans de la laine en suint, à donner des boissons émollientes tièdes (bourrache, eau blanche), à saigner si l'animal est pléthorique. Cette maladie se complique parfois de la production de fausses membranes sur le voile du palais, à la base de la langue, dans la trachée ou les bronches ; c'est l'angine couenneuse, plus dangereuse

encore par la menace instante d'asphyxie ; il n'y
a de remède que dans la cautérisation des fausses membranes au moyen d'une solution de
nitrate d'argent, d'acide chlorhydrique étendu
d'eau, ou mieux avec de l'eau de Rabel, lorsque
la maladie est prise au début.

C. *Maladies de l'appareil digestif.* — 1° La
stomatite aphtheuse, ou cocotte du porc, est considérée par beaucoup de vétérinaires comme analogue à la même maladie du bétail à cornes, et
l'on pense qu'elle peut se transmettre de l'une à
l'autre de ces espèces. Elle consiste, chez le
porc, en petits aphthes qui apparaissent sur la
langue, surtout sur le bord de cet organe, et
n'est point accompagnée d'ulcères sur les
mamelles ni entre les onglons. Elle attaque surtout les jeunes gorets allaités par leur mère,
elle-même atteinte, sans doute. Il suffit, pour
obtenir la guérison, de cautériser les petits
ulcères de la langue avec un pinceau trempé
dans de fort vinaigre et de tenir les animaux dans
une grande propreté.

2° L'*indigestion* est rare chez les animaux qui
sont suffisamment et régulièrement nourris. Le
vomissement est d'ailleurs facile chez l'espèce
porcine, et presque toujours il suffit de le provoquer par une boisson émétisée (10 à 30 cen-
tigrammes) ; on administre ensuite des breuvages digestifs (infusions de camomille, de thé,

de café, et des lavements huilés ou salés); on
tient ensuite le malade à la diète blanche pendant un ou deux jours, et on ne lui rend sa ration
complète que peu à peu, en la composant d'aliments de digestion facile.

3° L'*entérite*, ou inflammation d'intestins,
reconnaît pour causes des loges malsaines, des
aliments de mauvaise qualité, des eaux de mauvaise qualité en boisson ou de mauvaise nature
pour les bains, la privation de bains, une alimentation trop riche ou trop excitante (comme
la viande), etc. C'est toujours une maladie
grave. On la combat par des saignées copieuses
et répétées suivant le besoin, par des boissons
blanches acidulées (vinaigre) ou de petit-lait, par
de légers purgatifs, par des lavements d'huile,
par des douches d'eau vinaigrée sur le groin et
les lèvres; on peut frictionner énergiquement la
peau et la couvrir ensuite de couvertures. Parfois, l'entérite se complique de diarrhée tenace
chez les porcelets, et même de dysentérie chez
les adultes.

4° L'*empoisonnement* peut être le résultat de
l'ingestion par le porc de saumure dans laquelle
ont macéré de la viande ou des poissons; il faut
donc s'abstenir de leur distribuer cette substance, qui sera, au contraire, très-profitable aux
fumiers.

D. *Maladies de l'appareil reproducteur.* —
1° L'*avortement* peut être sporadique; il peut
dépendre : de coups, de chutes, de météorisa-
tion, d'indigestion, de saillies intempestives, ou
de l'ingestion d'aliments encombrants, de boissons froides, de plantes vénéneuses. Il peut aussi
être enzootique ou même épizootique, et dans
ce cas, la cause est jusqu'ici restée obscure.
L'hygiène fournit le meilleur moyen de le prévenir, la médecine indique les soins qui peuvent
en prévenir les suites. Il peut être suivi de
diverses complications, tout comme la parturi-
rition, dont il n'est qu'un mode prématuré.

2° La *parturition* est l'expulsion naturelle des
fœtus parvenus à leur complet développement, à
la suite d'une gestation de 104 à 127 jours.
Lorsque approche le part, il faut, avons-nous
dit (chap. V, p. 148), faire surveiller la mère,
afin de parer aux accidents possibles pour la
mère ou pour les petits. Il est rare, chez la truie,
que la nature ait besoin d'aide. Cependant, de
même que chez les autres femelles domestiques,
il peut être suivi du renversement partiel ou
complet du vagin ou de l'utérus, deux accidents
qui réclament le plus promptement possible,
soit les soins du vétérinaire, soit ceux du charcutier. On sait que, chez la truie, l'ablation du
vagin et l'extirpation de l'utérus, quand leur
réduction ne peut être obtenue, sont des opérations qui réussissent assez souvent.

E. *Maladies du système nerveux.* — 1° La *congestion au cerveau,* due à l'afflux graduel ou subit du sang vers cet organe, peut avoir pour cause une obésité poussée trop loin, un sang trop riche et manquant de fluidité, l'exposition à un soleil trop ardent, le séjour dans un air trop chaud ou trop froid, un repas trop copieux ou composé d'aliments indigestes, une pression prolongée sur les côtes pendant un voyage accompli dans un véhicule où les animaux sont trop nombreux, des coups portés sur la tête, la lutte soutenue par l'animal contre l'homme ou un autre porc, une opération chirurgicale un peu douloureuse, etc. La congestion peut être graduelle ou foudroyante. Dans ce dernier cas, on comprend qu'il n'y ait qu'à couper la gorge du patient afin de rendre sa viande utilisable; dans le second, on emploie les douches d'eau froide et vinaigrée sur la tête, des frictions à la pommade stibiée sur la face interne des cuisses, et des frictions à l'essence de térébenthine sur les membres; en même temps on pratique une saignée ordinaire à la veine de l'oreille et à celle du jarret, et l'on administre quelques lavements irritants au sel de cuisine ou au savon.

2° La *paralysie* peut tenir au séjour dans une loge froide et humide en hiver; elle peut être la suite aussi d'une congestion au cerveau; elle peut être générale ou partielle; elle s'oppose toujours à la station debout et à la marche, mais non toujours à la régularité de toutes les autres fonctions, et on a pu élever et engraisser des porcs paralytiques. Dès que la maladie est reconnue, il faut administrer un léger purgatif (sulfate de soude, 25 à 50 grammes), faire des frictions à la térébenthine sur la colonne vertébrale, envelopper les membres de flanelle. Ajoutons que le succès est assez rare.

F. *Maladies de l'appareil locomoteur.* — 1° L'*aggravée* résulte d'une marche trop prolongée sur le sol dur et irrégulier des routes ; dans ce choc et ce frottement répétés, l'ongle s'use, les fragments de cailloux pénètrent, et il se produit une vive inflammation que l'on combat par le repos complet sur une litière fraîche et abondante, des purgatifs légers, si le mal est plus grave, des bains de pieds froids, des cataplasmes d'argile vinaigrée et la demi-diète; si le mal va jusqu'à la fourbure, on y ajoute la saignée et les cataplasmes émollients; dans ce dernier cas, la chute de l'ongle n'est pas très-rare.

2° L'*arthrite* ou rhumatisme articulaire paraît avoir pour cause le séjour dans des loges froides et humides. Elle peut être aiguë, et alors il faut transférer l'animal dans un logement sain, abondamment garni de litière sèche, à une température moyenne; lui donner des lavements calmants, enduire les articulations atteintes d'un mélange de craie de Meudon dans de fort vinaigre, ou d'alun cristallisé dans du blanc d'œuf. Elle peut être chronique, et le mieux, dans ce cas, est de sacrifier l'animal, si l'on peut l'utiliser. Enfin, elle peut être intermittente, c'est-à-dire qu'elle reparaît dans des régions et à des intervalles de temps variables, et elle est aussi incurable.

3° Le *rachitisme* est une sorte de cachexie générale et osseuse qui atteint les animaux mal logés, mal nourris ou recevant une nourriture insuffisamment variée et privée de principes calcaires; les jeunes animaux élevés en stabulation permanente, et ceux issus de parents consanguins des races améliorées, y sont particulièrement prédisposés. Il faut exposer les jeunes malades dans un air pur, à l'excitant de la lumière, les placer dans une loge spacieuse et saine avec une cour munie de baignoire, leur donner une nourriture digestive, variée, régulière, en quantité moyenne, mais à laquelle on ajoute de la poudre de phosphate d'os; ce traitement doit être longtemps prolongé, mais il réussit presque toujours lorsqu'il est commencé à temps.

G. *Maladies de la peau.* — 1° La *rougeole,* appelée aussi rouget, mal rouge, clavelée rouge, n'a point de cause bien connue; on la croit contagieuse; elle attaque les gorets de l'âge de 3 à 12 mois et ne récidive jamais, dit-on, sur le

16

même individu. Elle se caractérise extérieurement par le gonflement des paupières, le larmoiement des yeux, un écoulement nasal, une angine accompagnée de toux et de taches rouges au voile du palais; un peu plus tard, des taches ronges apparaissent sur la peau. La première précaution consiste à isoler les malades, à les placer dans des loges chaudes, propres et bien ventilées, à les mettre à la diète blanche et aux boissons émollientes; si l'éruption languit, on administre des boissons sudorifiques (bourrache, sureau, camomille). Quelquefois la maladie se complique d'inflammation du cerveau, des poumons ou des intestins.

2° La *variole*, vulgairement dénommée petite vérole, picotte, paraît être de même nature que la variole de l'homme et la clavelée du mouton, mais elle n'est point identique avec elles. La variole du porc, contagieuse pour le porc, ne l'est pour aucun autre animal. On n'en connaît point les causes déterminantes, mais on sait qu'elle atteint de préférence les gorets (1 à 12 mois) et rarement les adultes; qu'elle est tantôt sporadique et tantôt enzootique. Elle est caractérisée dans la première période par le hérissement des soies, l'inflammation de la gorge et des yeux, une toux pénible et fréquente; puis, peu après, par l'apparition sur la tête, le ventre, la face interne des membres, le pourtour des organes génitaux, de pustules peu sail-

lantes et de couleur violette qui entrent bientôt
en suppuration, puis se dessèchent et dispa-
raissent. Tout d'abord, il faut séquestrer les
malades, les placer dans un milieu sec et chaud,
leur donner des infusions sudorifiques légèrement nitrées; contre l'angine, on emploie les
gargarismes acidulés. Lorsque les malades sont
mal soignés, les mêmes complications que pour
la rougeole peuvent survenir.

3° La *soie*, encore appelée soyon, soies
piquées, poil piqué, pique, piquet, bosse, etc.,
est une maladie des poils et de la peau; c'est à
M. Bénion, vétérinaire, que l'on doit, depuis
huit ans, de connaître sa véritable nature : une
invagination de la peau, avec dérivation du
bulbe pileux. Cette maladie, sporadique d'ordinaire, peut sévir aussi enzootiquement, bien
qu'elle ne soit aucunement contagieuse. Elle est
assez fréquente, rarement dangereuse, et on ne
lui connaît pas de cause bien certaine. Elle consiste dans un enfoncement de la peau qui se manifeste à la partie inférieure de la gorge, sur la
région correspondante à la base de la langue,
au larynx ou au pharynx; au milieu et au fond
de cet entonnoir, on remarque quatre ou cinq
soies agglomérées qui sont entraînées avec leurs
bulbes par le retrait de la peau, où leurs extrémités divergentes pénètrent à la manière d'une
barbe d'orge, s'enfonçant tantôt dans le pharynx,
tantôt dans le larynx, y produisant de l'inflam-

mation, du gonflement, presque une tumeur, la
suffocation et la mort. Le traitement consiste,
après avoir abattu l'animal, à extirper le fais-
ceau pileux, cause de tout le mal, puis à laver
la plaie avec de l'eau vineuse ou des décoctions
aromatiques.

H. *Maladies de l'appareil circulatoire.* —
La *scrofulose,* qui n'est pas sans rapports avec
le rachitisme, atteint les gorets peu après leur
naissance et plus rarement les adultes. Elle est
difficilement curable et rend la viande malsaine.
Les gorets scrofuleux doivent donc être sacrifiés. Bien qu'elle se traduise par des symptômes
différents, la médication est la même que pour
le rachitisme; en effet, la scrofulose intéresse
tantôt la peau et le tissu cellulaire, tantôt les
articulations, d'autres fois les muqueuses ou les
ganglions lymphatiques.

I. *Maladies parasitaires.* — Chaque espèce,
animale ou végétale, a son ou ses parasites;
mais les uns sont externes et les autres internes,
ce qui constitue une distinction nécessaire. A
mesure que la science munit l'homme de
moyens d'investigation plus perfectionnés à
l'endroit des infiniment petits, un certain nombre de maladies, considérées d'abord comme
organiques, sont reconnues simplement parasitaires; tels sont la gale, jusqu'à ce qu'on eût

découvert l'acarus, et le charbon, jusqu'à ce qu'on
eût démontré l'existence de la bactérie. Nous
distinguerons donc les maladies dues aux parasites externes et internes.

A. *Maladies dues à des parasites externes.* —
1° La *gale* est une maladie contagieuse de la
peau produite par un parasite ectozoaire connu
seulement depuis 1830 pour l'homme (*sarcoptes scabiei*), depuis 1846 pour le sanglier
(*sarcoptes suis*). Le genre sarcopte appartient
au groupe des Arachnides trachéennes, à la
tribu des Acariens, à la famille des Holètres, de
l'ordre des Arachnides. Ces animaux, de très-
petite taille ($0^m,0003$ à $0^m,0004$ de diamètre),
portant des sexes séparés, munis d'une mâchoire
puissante, vivent à la surface de la peau, où ils
se creusent des sillons en rongeant l'épiderme;
ils pondent des œufs d'où éclosent des larves
qui changent plusieurs fois de peau durant leur
développement. Chaque femelle pond environ
20 œufs, qui éclosent de 4 à 8 jours après, et
chaque femelle est adulte 7 à 8 jours après sa
naissance; on peut par là juger de la fécondité
de l'espèce. Le sarcopte du porc se propage, ne
peut se propager que par le contact direct et
indirect d'animaux atteints à des animaux sains;
il se fixe particulièrement aux oreilles, à l'ais-
selle, à la face interne des cuisses, là où la peau
est la plus fine et où il est le mieux protégé. Les

sillons qu'il creuse font tomber les soies et
causent des démangeaisons douloureuses et fati-
gantes pour le patient; la suppuration qui suit
toutes ces petites plaies est, d'autre part, une
cause d'épuisement. Il est donc urgent de remé-
dier au mal dès qu'il est découvert. On séquestre
le malade, on purifie la loge qu'il habitait par
des blanchissages à la chaux, des fumigations,
des lavages à l'eau phéniquée. Quant au malade
lui-même, si la gale est récente, il suffit d'oindre
les parties envahies de pétrole ou de baume du
Pérou, ou de les bassiner avec une décoction
soit d'hellébore noir, soit de tabac. Lorsqu'il
s'agit de gale invétérée, on opère des frictions
avec le liniment créosoté, le naphte ou la
benzine; on fait prendre un bain (25 litres d'eau,
1 kilogr. de potasse, 2 kilogr. de chaux vive),
puis on renouvelle cinq jours après, et à un ou
deux jours d'intervalle, les frictions et le bain. Le
sarcopte du porc ne peut vivre et par conséquent se propager sur aucune autre espèce d'animaux.

2° La *maladie pédiculaire,* ou phthiriase du
porc, est due, elle aussi, à la présence d'un
parasite ectozoaire, l'*hæmatopinus suis,* du
sous-ordre des hémiptères. Elle ne peut se transmettre, comme la gale, que par contact direct
ou indirect, et elle est contagieuse comme elle
et par les mêmes causes. Elle est rare d'ailleurs
et peu grave, à cause de l'épaisseur de peau de

l'animal, peau presque dégarnie de poils, où le pou n'enfonce que péniblement son suçoir et où il ne trouve que peu d'abris. Les effets produits par l'hæmatopus sont presque les mêmes que ceux du sarcopte; le traitement est analogue aussi, tout comme la nécessité de l'isolement et de la purification.

B. *Maladies dues à des parasites internes.* — 1° La *bronchite vermineuse,* qui atteint parfois les jeunes porcs et surtout ceux élevés au pâturage, est due à la présence en nombre plus ou moins considérable, dans les bronches, d'un nématoïde à l'état parfait, le strongle géant (*Eustrongylus suis*), qui se présente sous forme d'un ver cylindrique, allongé, un peu affilé à ses deux extrémités, de couleur jaunâtre ou brunâtre, long de 0^m,016 à 0^m,025. Les œufs du strongle se conservent longtemps vivants sur l'herbe des lieux bas et dans les eaux des mares, où les porcs les absorbent avec leur nourriture et leur boisson. Ces œufs éclosent dans l'estomac, et il est présumable que les jeunes qui en résultent, cheminant à travers les organes, s'introduisent dans le poumon et de là refluent vers les bronches. On comprend donc que cette maladie puisse se transmettre par la cohabitation, les animaux sains pouvant ingurgiter les parasites expulsés par les malades. La bronchite vermineuse se trahit extérieurement par une

toux quinteuse, la pâleur des muqueuses, l'amaigrissement des animaux; plus tard, les mouvements d'inspiration et d'expiration donnent lieu
à un râle gras et embarrassé; parfois il survient
même une hémorrhagie pulmonaire ou une
pneumonie. Cette maladie est toujours grave, et
le mieux est de sacrifier le malade si l'on peut en
tirer parti; sinon, on peut tenter les fumigations
d'essence de térébenthine, de tabac, d'acide
phénique, d'assa-fœtida, d'huile empyreumatique, suivies de courtes inhalations d'éther.

2° La *gastro-entérite vermineuse,* ou inflammation simultanée de l'estomac et des intestins, est
due à la présence de divers entozoaires néma-
toïdes (*sclerostoma dentatum, ascaris suilla,
trichocephalus crenatus, echinorrhynchus gi-
gas,* etc.), vers cylindriques, filiformes ou fusi-
formes, dont les œufs sont introduits dans l'estomac avec les aliments ou les boissons et s'y
développent, vivant aux dépens des muqueuses
et de leurs sécrétions, déterminant, lorsqu'ils
sont un peu nombreux, une inflammation plus
ou moins intense, perforant parfois l'intestin
pour passer dans le péritoine et donnant lieu
alors à des désordres graves et à des symptômes
épileptiformes. C'est encore une maladie d'une
certaine gravité, on le voit, et contre laquelle on
emploie les vermifuges d'abord, puis les purgatifs. L'écorce de racine de grenadier sauvage,
la fougère mâle, la mousse de Corse, l'huile

empyreumatique, l'essence de térébenthine, sont les médicaments les plus usités; on les administre le matin, l'animal étant à jeun, et quelques heures après, on donne un purgatif. On renouvelle la médication à quelques jours d'intervalle, jusqu'à succès complet, et l'on y aide encore par des lavements anthelminthiques.

3° La *ladrerie*, maladie particulière au porc, est due à un entozoaire, le cysticerque du tissu cellulaire (*cysticercus cellulosus*) ou cysticerque ladrique, état larvé du ver solitaire de l'homme (*tænia solium*, *teniades cestoïdes*). Ce parasite, que chacun connaît et de nom et de vue, est un ver rubané, aplati, divisé en anneaux, dont le premier, formant la tête, est muni de quatre suçoirs avec une couronne de crochets acérés; chaque anneau est caduc, constitue un animal complet, doué des deux sexes et capable de produire en grand nombre des œufs féconds pourvus d'une enveloppe calcaire. Les anneaux les plus rapprochés de la tête sont les plus jeunes, les plus étroits, les plus courts; les plus éloignés, qui sont aussi les plus âgés, les plus larges et les plus longs, par conséquent les plus mûrs, se détachent de temps en temps, isolément ou par groupes, du corps du ténia et sont expulsés par l'intestin; sans même que cette rupture se produise, les œufs produits de leur ponte sont expulsés avec leurs excréments. Ces

œufs sont doués d'une grande vitalité qu'ils conservent fort longtemps, surtout dans l'eau,
dit-on. Mais ce germe n'est capable de se développer que lorsqu'il est introduit dans l'organisme du porc, avec les aliments solides ou
liquides. Il en sort alors (dans l'estomac ou dans
les intestins) un embryon microscopique, déjà
armé de crochets mobiles dont il se sert pour
percer les membranes de l'intestin et émigrer
vers diverses parties du corps qu'il semble préférer; là il s'établit dans les tissus cellulaire et
musculaire des organes, et s'y enkyste, c'est-à-
dire qu'il s'entoure d'une capsule de forme ellip-
soïdale le plus souvent, parfois globuleuse; le
grand diamètre de cette vésicule est d'environ
$0^m,001$; son petit diamètre, de $0^m,0004$. Dès
lors, une métamorphose s'opère dans l'embryon:
les crochets sont tombés, il apparaît un bour-
geon qui deviendra une tête munie de suçoirs;
en arrière de la tête, se manifeste un étrangle-
ment graduel, les crochets définitifs naissent;
la larve est alors formée et se renverse hors de
la vésicule; elle n'a alors ni tube digestif ni
organes reproducteurs. La membrane envelop-
pante est de nature fibreuse, et est munie, sur un
équateur de son petit diamètre, d'un pertuis fort
petit et peu visible. A travers l'enveloppe, on
peut apercevoir l'embryon baignant dans une
sorte de sérosité. Le cysticerque vit dans la vésicule comme un cynips dans une gale; en se con-

tractant, il peut à volonté sortir et rentrer une partie de son corps par le petit pertuis. Il a atteint la limite de son développement possible dans l'organisme du porc. Ce n'est que lorsque celui-ci aura été sacrifié et que sa viande, crue ou insuffisamment cuite, aura été mangée par l'homme, que le cysticerque pourra se transformer en ténia. Le parasite alterne donc de l'homme au porc et réciproquement. Il ne peut se développer dans des organismes appartenant à d'autres espèces zoologiques; du moins, ce n'est qu'exceptionnellement que l'on a rencontré des cysticerques chez l'homme, et encore y étaient-ils déformés ou altérés; il n'est point constaté non plus que ce soit bien à l'espèce cellulosus que doivent être rapportés les cysticerques trouvés chez le singe, le chien, l'ours, le rat, le porc et le chevreuil.

Le cysticerque du porc habite de préférence les muscles de la langue, du cou, des épaules, de la région intercostale, des lombes, de la cuisse, de la région vertébrale postérieure, du cœur lui-même. Sa vitalité n'est détruite que par la cuisson de la viande à une température suffisamment prolongée de 80 à 100° c., en admettant, bien entendu, que cette viande soit divisée en fragments assez petits pour que cette température en puisse atteindre toutes les parties.

Il ne nous reste plus qu'à dire comment les

œufs du ténia solium pénètrent dans l'organisme
du porc : ce n'est, ce ne peut être que par l'ingestion des excréments de l'homme. Aussi la
ladrerie est-elle plus fréquente dans les contrées
où les porcs sont élevés au régime du pâturage,
et d'autant plus que l'insouciance et la malpropreté des habitants sont plus grandes, que la
voirie est moins bien administrée. Si l'on sou-
mettait les porcs au régime exclusif de la stabulation permanente, ou si l'homme perdait l'habitude de disséminer partout ses matières féca-
les, prenant au contraire celle de les recueillir
soigneusement dans des fosses ou du moins dans
des baquets fermés pour les enfouir ensuite dans
le sol, on verrait promptement disparaître la
ladrerie du porc, l'espèce *Tenia solium* de
l'homme.

La prés nce du cysticerque ladrique chez le
porc n'est point toujours facile à constater ; la
pratique du langueyage peut bien fournir la cer-
titude de sa présence, mais il n'est pas rare que
le parasite envahisse d'autres régions, laissant
la langue intacte ; les vésicules peuvent se mani-
fester extérieurement aussi par des saillies à
l'oreille, à la conjonctive, au pourtour de l'anus ;
d'autres fois, elles n'existent qu'à l'intérieur et
ne peuvent être soupçonnées que par les symptômes offerts par l'animal au vétérinaire.
Lorsque l'invasion des cysticerques est peu
nombreuse, la santé du porc peut n'en point

sensiblement souffrir; dans le cas contraire, il
en peut résulter des troubles graves et la mort.
On a vu des porcelets infectés dans leur jeunesse
vivre en bonne santé durant plus de deux ans;
d'autres périr peu après, suivant le nombre
d'œufs féconds ingurgités et les organes où ils se
logent. La maladie, ainsi expliquée, n'offre, on
le voit, aucun danger de contagion du porc au
porc. Les progrès successifs de la civilisation et
de l'agriculture finiront sans doute par la faire
disparaître, à moins que les importations des
salaisons du nouveau monde ne viennent l'entretenir encore.

4° La *trichinose* est, sans aucun doute, une
maladie fort ancienne, mais dont-on ne connaît
la cause que depuis vingt ans (1860). Elle consiste dans l'invasion des muscles par un entozoaire nématoïde, la trichine enroulée (*trichina
spiralis*). Ce parasite est-il l'animal parfait ou,
comme le pensent plusieurs helminthologistes,
la forme larvée d'un trichosomien à génération
alternante? on l'ignore. Mais on a constaté que,
sous la forme de trichine, on le rencontre dans
les muscles du rat, de la souris, du hérisson,
d'un certain nombre d'insectes, du porc, du
mulet et de l'homme. C'est un ver long de
$0^m,0008$ à $0^m,0010$, large de $0^m,008$ à la tête
et de $0^m,002$ à la queue. Introduit dans le tube
digestif, il en perce les membranes, circule dans
les divers tissus internes jusqu'à ce qu'il ait fait

élection d'un muscle; là il s'enroule sur lui-
même, s'agite, s'accroît, se frayant une cellule
entre les fibres, puis s'entoure d'une enveloppe,
et présente l'aspect d'une vésicule ovoïde ou
sphérique, blanchâtre et transparente; c'est le
kyste dans lequel on aperçoit le ver enroulé
deux ou trois fois sur lui-même, presque toujours isolé. La trichine n'est pas munie d'organes reproducteurs ou n'en a que de rudimentaires, et elle est douée d'une remarquable vitalité.
La trichine enkystée n'est qu'une larve ou pour
mieux dire une nymphe; c'est dans l'intestin
qu'elle atteint sa maturité sexuelle, qu'elle se
reproduit, les femelles étant dix fois plus nombreuses que les mâles, et chacune d'elles pouvant
produire de 400 à 1000 embryons.

On a cru d'abord que la trichine était une
génération alternante du parasite d'un nématode
qui vit sur les radicelles de la betterave. Plus
tard, on a émis l'idée qu'elle se développait
spontanément chez le rat, qui la transmettait au
porc, et celui-ci à l'homme. Sur 396 rats exa-
minés sur divers points de l'empire d'Autriche,
on en a trouvé 38 ou 19 50 pour 100 infectés de
trichine. En Allemagne, dans l'espace de
21 mois, on en a trouvé, sur 25,000 porcs
environ, 11 trichinés; 16 sur 14,000 dans le
Brunswick; 4 sur 700 à Blankenbourg. Sur
l'homme, la première épidémie de trichinose
bien constatée remonte à 1845, puis à 1848 et

à 1865; la nature du parasite ne fut découverte qu'en 1860; depuis lors, on constate des cas fréquents de trichinose dans tous les pays où l'on mange des viandes salées, fumées ou n'ayant subi qu'une cuisson incomplète, en Allemagne, en Angleterre, aux États-Unis, etc. En 1878, une endémie de trichinose fut constatée pour la première fois en France dans le département de Seine-et-Oise, sur 16 malades; on put en étudier trois cas en Algérie durant la même année. Depuis quatre ans, on a pu constater sur les viandes de porcs importées d'Amérique la présence relativement fréquente de kystes trichineux.

La trichine comme le cysticerque sont doués d'une grande vitalité et résistent parfois à une salaison ou à un enfumage prolongés; c'est surtout par la consommation des jambons crus, salés ou fumés, qu'ils se transmettent à l'homme. On les détruit l'un comme l'autre en soumettant les viandes, par fragments de faible dimension, à une température prolongée de 80 à 100° c. Comme mesure préventive, on a demandé avec raison que les municipalités fissent examiner toutes les viandes, fût-ce au microscope, dans les abattoirs avant qu'elles soient livrées à la consommation.

L'invasion par la trichine peut être faible ou considérable, locale ou complète; on a compté jusqu'à 150,000 parasites dans un muscle pesant 35 grammes; leur présence rend tous mouvements douloureux ou impossibles, rend toutes les fonctions organiques irrégulières, produit l'oppression, le marasme, la paralysie, l'œdème, la mort. La trichinose est toujours grave, et l'on y connaît peu de médication efficace ; cependant la guérison peut se produire spontanément par l'incrustation calcaire des kystes. Dans les épidémies de trichinose observées en Allemagne, la mortalité a varié de 4 à 20 pour 100 du nombre des malades.

L'homme s'infecte par la consommation de la viande du porc, et celui-ci contracte la trichinose en dévorant les cadavres qu'il rencontre abandonnés lorsqu'on le laisse vaguer en liberté. On constate la trichine en effet exclusivement chez les carnivores ou les omnivores (chat, chien, porc, vautour, corbeau, larves de mouches carnassières, etc.), jamais sur les herbivores, à moins qu'on ne la leur ait inoculée. Il en résulte qu'il suffirait de réduire strictement les porcs au régime de la stabulation absolue, dans des loges bien closes, pour diminuer, sinon pour faire disparaître le danger de la contagion pour l'homme, surtout si l'on y joint une inspection sérieuse des viandes à l'abattoir, une cuisson suffisante des viandes et enfin une vérification minutieuse de celles importées de l'étranger, avant leur mise en vente. Les salaisons d'Amérique, en effet, ont, depuis quatre ans, donné lieu à bien des réclamations à ce sujet.

5° Le *charbon* ou maladie charbonneuse, sang de rate du mouton, du bœuf, du cheval, rangé jusqu'à ces derniers temps parmi les affections inflammatoires ou les maladies du sang, doit être maintenant considérée comme une maladie parasitaire. En effet, M. C. Davaine constatait en 1863 dans le sang d'animaux morts du charbon la présence d'animalcules (protozoaires) vibrioniens auxquels il donna le nom de bactéridies; ces petits vers microscopiques, longs de $0^m,002$ à $0^m,003$, étaient en nombre immense et dénués de mouvements propres; en 1876, le docteur Kock, de Breslau, démontra que, sous cette forme, la bactéridie pouvait se résoudre en corpuscules-germes ou spores qui se conservent, avec leur vitalité, presque indéfiniment, même au milieu des foyers de fermentation, tandis que le microbe parfait se désagrége dans le vide, dans le gaz acide carbonique ou dans le sang putréfié. MM. Pasteur et Joubert, en 1878-1880, entreprirent l'étude de la maladie qui nous occupe et recherchèrent comment la bactérie pouvait s'introduire dans l'organisme animal. Voici, en résumé, les conclusions actuelles de leurs travaux :

Un animal meurt du charbon, son sang est infecté de bactéries; pendant la putréfaction, ces bactéries se résolvent en germes ou spores; l'animal est enfoui dans le sol; les lombrics ou vers de terre, qui vivent toujours, et jusqu'à de grandes profondeurs, dans les sols sains, meubles et riches en particules organiques, qui absorbent cette terre pour en extraire ces mêmes particules, rejetant à la surface du sol les résidus de leur digestion sous forme de petits cylindres enroulés, ramènent du fond à la surface les germes ou spores de la bactérie; ce mouvement d'assomption des germes se continue encore deux ans au moins après l'enfouissement d'un cadavre à deux mètres de profondeur. Les germes-spores ramenés à la surface du sol y sont répandus, disséminés par les pluies et les façons culturales, où les eaux les entraînent dans les ruisseaux ou les mares. Dans les liquides, elles sont absorbées par les animaux avec leur boisson; avec les solides, elles pénètrent dans l'organisme sous forme de fourrages, s'insinuant directement dans le sang par les moindres petites plaies que les feuilles de chardon desséchées, les barbes de graminées, les tiges rigides, produisent sur la muqueuse. L'infection par les bactéridies d'un animal sain paraît donc pouvoir se produire : par l'ingestion de boissons contenant des spores de l'infusoire, par l'ingestion de fourrages chargés de spores de l'animalcule, par la piqûre d'une mouche dont la trompe est infectée, ou simplement par le contact de ses pattes avec une plaie extérieure, si faible soit-elle; enfin par l'inoculation artificielle ou accidentelle de sang bactérié. Malgré le nombre immense de germes ingérés par les animaux d'un même troupeau, beaucoup d'eux échappent à la mort, souvent après avoir été visiblement malades; les autres succombent après avoir offert tous les symptômes du charbon.

La bactérie ne fait-elle que transmettre un virus contagieux? ceci semble bien peu probable, après le séjour dans le sol et à l'air qui peut atteindre jusqu'à deux ans. La présence de la bactérie dans le sang ne serait-elle point la cause déterminante de la maladie? voilà qui paraît bien plus probable, d'après ce que nous a déjà appris M. Pasteur dès 1877, et ce qu'il nous a révélé en 1880 de la maladie appelée choléra des poules et du microbe qui en est la cause. Les virus vaccin, varioleux, morveux, syphilitique, typhoïde, rabique peut-être, consisteraient en des microbes agissant à peu près comme des ferments, s'emparant pour se développer et vivre, de certains des principes du sang dont l'absence se trahirait par divers troubles fonctionnels généraux ou locaux. C'est là une voie toute nouvelle et merveilleuse, qui permet d'espérer que par des atténuations de virus et par des inoculations, on pourra rendre, dans certains cas, l'organisme rebelle à contracter certaines maladies dites virulentes et contagieuses.

Quoi qu'il en soit pour l'avenir, le charbon est bien plus rare chez le porc que chez le mouton et même chez la vache, sans doute parce qu'il est

moins souvent soumis au régime du pâturage.
L'une des formes les plus fréquentes et les plus
dangereuses à la fois est celle qui a son siége
à la langue et à la gorge, et que, à cause de cela,
on a nommée glossanthrax ou angine charbonneuse; ceci se comprend, sachant que c'est dans
cette région que les aliments produisent le plus
souvent et le plus sûrement des blessures de la
muqueuse. D'autres fois, on voit se produire
l'éruption de tumeurs externes, ayant pour base
le tissu cellulaire sous-cutané, dans les régions
où il est le plus abondant; ces tumeurs se recouvrent de taches noires et font entendre, lorsqu'on
les presse un peu, un bruit de craquement; il
n'y a pas toujours production de ces tumeurs
pourtant, et la marche de la maladie est alors
bien plus rapide.

On a conseillé tantôt d'abaisser, tantôt d'élever
la température du corps, soit par des bains froids
et des douches froides, soit par des sudorifiques,
des frictions excitantes et l'enveloppement du
corps; on a obtenu quelques succès dans un cas
comme dans l'autre, mais non d'une manière
générale. En cas de tumeurs, on emploie l'exci-
sion ou la cautérisation et les dérivatifs.

Le charbon, sous quelque forme qu'il se présente, est toujours contagieux pour toutes les
espèces, y compris l'homme. La viande des animaux qui en ont été atteints peut transmettre la
contagion lorsqu'on la prépare ou qu'on la con-

somme, par la moindre plaie de la peau ou des muqueuses. Cuite à une haute température et pendant un temps suffisaut, elle peut être innocente, mais elle reste de mauvaise qualité et malsaine.

Les moyens préventifs consisteraient à enfouir les cadavres des animaux morts du charbon, en les portant et non en les traînant, dans une fosse profonde, et, après avoir tailladé la peau, à les y enfouir au milieu d'un lit abondant de chaux vive; mieux encore et s'il est possible, à les soumettre à la crémation, arrosant le cadavre et le sol de pétrole.

TABLE DES GRAVURES

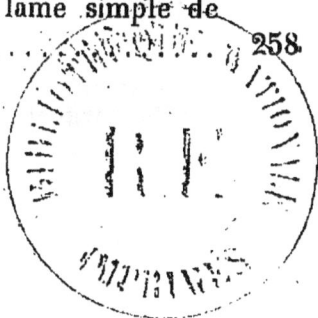

TABLE DES MATIÈRES

———

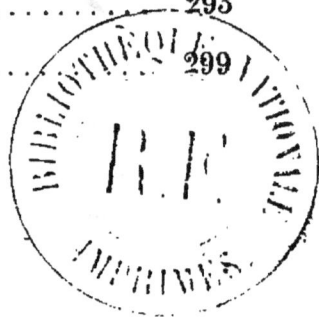

OUVRAGES DU MÊME AUTEUR :

Guide pratique d'agriculture générale, in-18, 448 pages (1869).

Guide pratique pour la culture des plantes fourragères.
Iʳᵉ PARTIE : *Prairies naturelles,* in-18, 284 pages (1865).
IIᵉ PARTIE : *Prairies artificielles,* in-18, 388 pages (1866).

Essai sur l'état présent de l'agriculture et du bétail en Europe, in-8°, 112 pages (1859).

Traité de l'économie du bétail, 2 vol. in-8°, 884 pages (1862).

Mortalité, hygiène et alimentation du bétail, in-18, 182 pages (1869).

Traité pratique du chien, in-18, 476 pages (1869).

Insectes utiles et nuisibles à l'Exposition de 1867, in-8°, 67 pages (1868).

Traité des oiseaux de basse-cour, in-18, deuxième édition, 446 pages (1882).

Les Pigeons de volière et de colombier, in-18, 260 p. (1878).

Précis pratique de l'élevage des lapins, lièvres et léporides, in-18, 194 pages (1874).

Précis élémentaire de sériciculture pratique, in-18, 270 pages (1874).

La Pisciculture d'eau douce et salée à l'Exposition de 1878, in-8°, 182 pages (1879).

La Viande, production, consommation, conservation. Étude sur l'Exposition universelle de 1878, 41 pages in-8° (1879).

EXTRAIT DU CATALOGUE DE LA LIBRAIRIE AUDOT

La Cuisinière de la Campagne et de la Ville, par L. E. Audot. 60ᵉ édition. Un volume grand in-12 cartonné, 400 figures, dont 2 coloriées, 700 pages, admis à l'Exposition universelle, mention honorable. Cartonné. 3 fr.

Supplément à la Cuisinière de la Campagne et de la Ville. Service de table à la française et à la russe, art de plier les serviettes, etc., par Audot, Grandi et Motron. Un vol. in-18 jésus, 212 pages, 33 figures. 2 fr.

La Laiterie. Art de traiter le lait, de fabriquer le beurre et les principaux fromages français et étrangers, par A. F. Pouriau, docteur ès sciences, professeur à l'École d'agriculture de Grignon, etc. 3ᵉ édition. Ouvrage couronné par la Société centrale d'agriculture de Paris, 564 pages et 306 figures. 5 fr.

Traité des aliments, leurs qualités, leurs effets, etc.; par M. A. Gauthier, docteur en médecine. 2ᵉ édition, revue et augmentée, par M. Chapusot, docteur en médecine. Un volume in-12. Figure. 2 fr.

Le Bréviaire du Gastronome, aide-mémoire pour ordonner les repas, par L. E. Audot. In-18. 1 fr.

Les Pigeons de volière, de colombier, messagers, etc., sport colombophile, société pigeonnière, colombier militaire, par A. Gobin. Un vol. in-18 jésus, 46 figures. 3 fr.

Précis élémentaire de sériciculture pratique, mûriers et vers à soie. Production, industrie, commerce, par A. Gobin. Nombreuses figures dessinées par H. Gobin. In-18 jésus. 3 fr. 50

Traité des oiseaux de basse-cour, d'agrément et de produit, par A. Gobin, professeur de zootechnie et de zoologie. 2ᵉ édition. Un vol. in-18 jésus, 95 figures, 450 pages. 3 fr. 50

Précis pratique de l'élevage des lapins, lièvres, léporides, en garenne et clapier, domestication, croisements, engraissement, hybridation, produits, par A. Gobin, professeur de zootechnie à l'École d'agriculture de Montpellier. Un volume in-18 jésus, orné de nombreuses figures intercalées dans le texte. 2 fr.

L'art du Taupier, ou Méthode amusante pour prendre les taupes, par M. Dralet. Ouvrage publié par ordre du gouvernement. 47ᵉ édition. In-18, avec figures. 1 fr. 50

L'Art de faire à peu de frais les feux d'artifice, par M. L. E. Audot. 5ᵉ édition. Volume in-18. 86 figures. 3 fr.

La Pêche raisonnée et perfectionnée du pêcheur fabricateur, par J. Carpentier, ouvrage de 420 pages, 92 figures. Toutes lignes, cinquante pêches différentes. 3 fr. 50

Le Vignole de poche, *Mémorial des Artistes,* des propriétaires et des ouvriers, par Thierry, architecte-graveur. 54 planches-gravures sur acier par Hibon. 7ᵉ édit. 1 vol. grand in-16. 3 fr